Das große
Schlemmerbuch für Pferde

von Melanie Strauß

Das große Schlemmerbuch für Pferde

Gesunde Leckereien selbst gemacht

Melanie Strauß

CADMOS

Impressum

Copyright © 2012 by Cadmos Verlag, Schwarzenbek
Gestaltung Umschlag: Ravenstein + Partner, Verden
Gestaltung und Satz Inhalt: Hantsch & Jesch PrePress Services OG, Wien
Lektorat: Anneke Bosse

Coverfoto: Stephen Rasche-Hilpert
Fotos im Innenteil, sofern nicht anders angegeben: André Chales de Beaulieu,
istockphoto.com: 9, 13, 50, 72, 89, 101, 112

Druck: Grafisches Centrum Cuno, Calbe

Deutsche Nationalbibliothek – CIP-Einheitsaufnahme
Die Deutsche Nationalbibliothek verzeichnet diese Publikation in der Deutschen
Nationalbibliografie; detaillierte bibliografische Daten sind im Internet über
http://dnb.ddb.de abrufbar.

Printed in Germany
ISBN 978-3-8404-1020-8

Haftungsausschluss
Autorin und Verlag haben den Inhalt dieses Buches nach bestem Wissen und
Gewissen zusammengestellt. Die Autorin und der Verleger haften nicht für
eventuelle Schäden an Mensch und Tier, die als Folge von Handlungen und/oder
gefassten Beschlüssen aufgrund der gegebenen Informationen entstehen.

Inhalt

Ein Plädoyer
für die Abwechslung

Als die Pferde noch frei durch Steppen ziehen konnten, ernährten sie sich automatisch von denjenigen Gräsern und Kräutern, die in ihrem Lebensraum reichlich zur Verfügung standen. So ergab sich ein sehr abwechslungsreicher Speiseplan, der sich positiv auf die Gesundheit der Tiere auswirkte.

Bei unseren heutigen Pferden, die im Stall oder auf eingezäunten Weiden gehalten werden, sieht die Ernährung meist sehr viel einseitiger aus. Dreimal täglich gibt es das gleiche Krippenfutter, und auch die Weide- und Nutzflächen, die unseren Pferden in den Sommermonaten zur Verfügung stehen, bieten aufgrund moderner Bewirtschaftung längst nicht mehr die Vielfalt, die eigentlich von Natur aus möglich wäre. Viele typische Erkrankungen unserer Pferde – um mit Koliken oder Hufrehe nur zwei Beispiele zu nennen – sind oft auch auf eine falsche Ernährung, fehlende Mineralstoffe, Vitamine und Spurenelemente zurückzuführen.

Eine abwechslungsreiche Pferdefütterung hingegen wirkt sich positiv auf das ganze Pferd aus: Feste Hufe, gesunde Haut, glänzendes Fell, Motivation, Rittigkeit und ein gesundes Verdauungssystem sind kein Zufall, sondern das Resultat einer ausgewogenen und vielseitigen Futterzusammenstellung.

Jeder Pferdebesitzer übernimmt die Verantwortung dafür, dass sein vierbeiniger Freizeitpartner mit allen wichtigen Vitalstoffen versorgt wird. Die durchdachte Zufütterung von gesunden Leckerli aus qualitativ hochwertigen Zutaten, wie sie in diesem Buch vorgestellt werden, leistet dazu einen wichtigen Beitrag.

Ich wünsche Ihnen viel Spaß bei der Zubereitung der Rezepte – und Ihrem Pferd wünsche ich einen guten Appetit!

Melanie Strauß, im Februar 2012

Einfach
selbst machen

Es ist gar nicht schwer, unsere Pferde mit selbst
hergestellten Belohnungen und Leckereien zu er-
freuen. Auch ohne große Erfahrung beim Kochen
gelingen die Rezepte leicht und benötigen nicht
viel Zeit – und Spaß macht es auch noch!

Wissen,
was drinsteckt

Ein paar Zutaten und eine halbe oder Dreiviertel-
stunde Zeit – schon ist die erste Portion Pferde-
leckerli fertig. Wer etwas Übung hat, wird über die
vielen Rezeptideen in diesem Buch hinaus sicher
eigene Kreationen erfinden, die den individuel-
len Vorlieben des beschenkten Pferdes perfekt
entsprechen. Ob nur ein schmackhaftes Leckerli-
li, Köstlichkeiten mit gesunden Kräutern, frische
Salatmischungen, ein bekömmlicher Tee oder ein
gutes Mash: Blättern Sie einfach und lassen Sie
sich inspirieren.

Ohne Frage: Leckerli kaufen ist einfacher. Doch
die selbst hergestellten Belohnungen haben un-
schätzbare Vorteile: Sie können die Inhaltsstoffe
gezielt auswählen und auf diese Weise die Gesundheit Ihres Pferdes fördern. Viele Rezepturen
tragen zum Beispiel dazu bei, dass ein Husten
besser auskuriert oder die Arthrose gelindert werden kann. Sie wissen genau, welche Mineralstoffe und Vitamine drinstecken und dass Ihr Pferd
garantiert keine Zusatzstoffe frisst, die vielleicht
schädlich sein könnten. Selbst gemachte Leckerli
sind frei von künstlichen Aromen oder Konser-
vierungsstoffen. Je vielseitiger der Futterplan ge-
staltet wird, umso sicherer können Sie sein, dass
eine ausreichende Versorgung mit allen wichtigen
Vitalstoffen gegeben ist.

Auch hinsichtlich der Kosten sind die selbst hergestellten Leckerli von Vorteil. Die meisten benötigten Zutaten sind günstig erhältlich und finden sich in jeder gut geführten Vorratskammer. Regionales Obst und Gemüse der Saison kann zu attraktiven Preisen beim Obsthändler des Vertrauens oder auf dem Wochenmarkt gekauft werden. Lange haltbare Zutaten, wie zum Beispiel Haferflocken oder Haferkleie, kann man in größeren Mengen billiger einkaufen und hat so immer genügend Vorrat zu Hause.

Viele Zutaten können sogar einfach kostenlos in der freien Natur gesammelt werden, wobei Naturschutzbestimmungen ebenso beachtet werden sollten wie ein Standort der Pflanzen fernab stark befahrener Straßen oder von Industrieanlagen.

Ergänzen, nicht ersetzen

Die in diesem Buch vorgestellten Rezepte sollen in erster Linie als wertvolle Ergänzung zur täglichen Ernährung dienen. Sie genügen keinesfalls als Hauptfutter der kompletten Ernährung des Pferdes. Bei Ihrem Futtermittelhändler, auf Vorträgen oder in der Fachliteratur (siehe Seite 127) können Sie sich über die Grundsätze der artgerechten Pferdefütterung informieren.

Als Grund- und Hauptfutter sollten dem Pferd in erster Linie Heu beziehungsweise Grassilage oder eingeweichte Heucobs und bei Bedarf Kraftfutter (Getreide) sowie eine Mineralfutterergänzung angeboten werden. Auch sollte zu jeder Zeit Stroh zur freien Verfügung stehen. Das Raufutter ist deshalb so wichtig, weil der Verdauungstrakt des Pferdes auf einen hohen Anteil von Rohfasern angewiesen ist. Positiver Nebeneffekt: Das Fressen von Heu und Stroh nimmt viel Zeit in Anspruch, sodass der häufigen Langeweile in der modernen Pferdehaltung vorgebeugt wird.

Der Kraftfuttermarkt ist riesig – viele Freizeitpferde benötigen allerdings nur geringe Mengen, da ihre Nutzung ihnen nicht viel Energie abfordert. Anstelle von Hafer oder Gerste kann es bei leichter Arbeit sinnvoll sein, ein haferfreies Müsli zu füttern.

Selbstverständlich ist bei jedem Futter auf die einwandfreie Qualität zu achten. Schimmelstellen in Heu oder Grassilage machen Pferde krank.

Jedes Pferd gehört möglichst rund ums Jahr auf die Weide, sofern keine gesundheitlichen Gründe dagegensprechen. Ein sorgfältiges Anweiden im Frühjahr ist wichtig, um Stoffwechsel- und Verdauungsprobleme zu vermeiden.

Kräuterreiche Weiden mit mageren Gräsern sind für die Pferdehaltung gut geeignet. Auf kniehoch bewachsenen, saftigen Grünflächen werden Pferde zu schnell fett und oft auch krank.

Ein paar Tipps und Hinweise

- Grundsätzlich empfiehlt sich bei der Verwendung von Mehl und Haferflocken die Vollkornvariante. Sie enthält alle wertvollen Inhaltsstoffe des ganzen Getreidekorns.

- Beachten Sie bitte genau die Backangaben bei den einzelnen Rezepten, damit die Leckereien gelingen und gut verträglich sind – sie unterscheiden sich teilweise deutlich aufgrund des unterschiedlichen Flüssigkeitsgehalts der Teige. Die angegebene Backtemperatur bezieht sich auf einen Elektroherd mit der Einstellung Ober-/Unterhitze auf mittlerer Backschiene.

- Lassen Sie Leckerli vor dem Verfüttern gut abkühlen. Viele Leckereien sollten nach dem Backen noch mindestens zwei Tage luftig gelagert werden, damit sie gut durchtrocknen. Im Winter legen Sie die Leckerli zum Beispiel in eine Pappschachtel und stellen diese auf einen Heizkörper. Die warme Luft trocknet die Leckerli im Handumdrehen.

- Die fertigen Belohnungen sollten nur völlig durchgetrocknet in einer geschlossenen Vorratsdose gelagert werden. Salate, Tee und Maschzubereitungen können in einem Plastikgefäß mit Deckel transportiert werden, sollten aber auf jeden Fall noch am gleichen Tag verfüttert werden. Frische Leckerli sind nur wenige Tage haltbar; im durchgetrockneten, harten Zustand auch länger.

- Achten Sie darauf, die Leckerli nicht zu groß zu formen, damit sich hastig fressende Pferde nicht verschlucken können. Beim Verdacht auf eine Schlundverstopfung sofort den Tierarzt rufen!

- Wenn Sie Zutaten in der freien Natur oder im eigenen Garten sammeln, ist darauf zu achten, dass wirklich nur eindeutig als unbedenklich erkannte Pflanzen verwertet werden. Sind Sie unsicher, lassen Sie die unbekannte Pflanze stehen.

- Viele der vorgestellten Rezepte schmecken sowohl dem Pferd als auch dem Reiter – einfach mal ausprobieren!

- Selbst gemachte Leckereien sind ein tolles Geschenk für Pferdeliebhaber zum Geburtstag oder zu Weihnachten, aber auch als kleines Dankeschön für den Stallnachbarn oder den hilfsbereiten Pferdepfleger.

Gesunde Belohnungen

Nicht alles, was in fertig gekauften Leckerli steckt, tut unserem Pferd auch wirklich gut. Die folgenden Rezepte sind ganz anders: Sie enthalten gesunde Zutaten und sind eine köstliche Abwechslung und Belohnung. Und das Beste: Sie sind im Handumdrehen zubereitet.

Gesunde Zutaten auf einen Blick

Apfel

Jedes Pferd liebt Äpfel. Sie sind reich an diversen Vitaminen, Mineralstoffen und Spurenelementen und lassen sich in der Leckerlibäckerei hervorragend verarbeiten. Ihre Inhaltsstoffe stabilisieren die Darmflora und stärken die Abwehrkräfte.

Banane

Die süße Tropenfrucht ist leicht bekömmlich und reguliert auf sanfte Weise die Verdauung. Mit ihren Mineralstoffen, Vitaminen und dem Fruchtzucker sind Bananen schnelle Energiespender.

Bierhefe

Bierhefe wirkt leistungssteigernd und stabilisiert die Darmflora. Auch wird ihr eine Steigerung der Fruchtbarkeit nachgesagt. Durch den hohen Gehalt verschiedener Vitamine hat Bierhefe eine positive Wirkung auf Haut und Fell, optimiert die Futterverwertung und stärkt das Immunsystem.

Flohsamen

Die kleinen Früchte der Flohsamenpflanze sind vor allem als Mittel gegen Verstopfung bekannt. Sie enthalten Schleimstoffe, die im Darm aufquellen und so die Darmtätigkeit auf milde Weise anregen. Großen Einsatz finden Flohsamen auch bei Sandkoliken. Bei Kolik aber bitte immer zuerst den Tierarzt rufen!

Ginseng

Die Wurzeln des Ginseng verbessern den Allgemeinzustand, reduzieren Stressanfälligkeit, sorgen für eine schnelle Regeneration nach Belastung und steigern die Mobilität älterer Pferde.

Hagebutte

Durch ihren hohen Vitamin-C-Gehalt bewirkt die Hagebutte eine Steigerung der Abwehrkräfte. Die blutreinigende Kraft verspricht Besserung bei Gicht und Rheuma. Zudem fördert die Hagebutte die Wundheilung.

Ingwer

Dem Ingwer wird schon seit Jahrtausenden eine heilende Wirkung zugesprochen. Bewährt hat er sich bei Arthroseleiden, Erkrankungen der Hufrolle, Hufrehe und Verschleißerscheinungen. Auch eine schmerz- und entzündungshemmende Wirkung wird beschrieben. Pferde im Turniereinsatz dürfen wegen der Dopingrelevanz keinen Ingwer bekommen.

Leinsamen

Leinsamen enthalten eine Vielzahl ungesättigter Fettsäuren. In aufgequollener Form helfen sie mit ihren natürlichen Schleimstoffen vorzüglich bei Reizungen der Darmschleimhäute.

Möhre

Besonders das Betacarotin macht Möhren zu wertvollen Futtermitteln. Es kann im Körper zu Vitamin A umgewandelt werden, das unter anderem für die Gesundheit von Haut, Augen und Immunsystem wichtig ist. Möhren sind leicht bekömmlich und werden wegen ihres süßlichen Geschmacks von jedem Pferd geliebt.

Rote Bete

Die Rote Bete wirkt sich sehr positiv auf das Immunsystem aus. Nach größeren Verletzungen fördert Rote Bete die Blutbildung.

Sanddorn

Die leuchtend orangefarbenen Beeren des Sanddornstrauchs zeichnen sich durch einen sehr hohen Vitamin-C-Gehalt aus. Ferner enthalten die Früchte die Vitamine A und B. Sanddorn stimuliert das Immunsystem und gibt nach Krankheit schnell wieder Kraft.

Sonnenblumenkerne

Sonnenblumenkerne sind reich an Vitamin E, fördern die Verdauung und regen den Stoffwechsel an. Der natürliche Ölgehalt sorgt für ein glänzendes Fell.

Honigleckerli

Zubereitung:

1. Den Leinsamen im Wasser kurz aufkochen und abkühlen lassen.
2. Weizenkleie, Haferflocken, Traubenzucker und Honig hinzugeben.
3. Danach so viel Milch untermischen, bis ein zäher Brei entsteht.
4. Die Bananen schälen und zerdrücken, die Äpfel und die Möhren raspeln.
5. Das Obst und Gemüse zum Teig geben und den Teig gut kneten.
6. Leckerli formen und auf ein mit Backpapier ausgelegtes Backblech geben. Die Leckerli bei 200 Grad 60 bis 90 Minuten (je nach Flüssigkeitsgehalt des Teiges) backen, bis sie goldbraun sind.

Zutaten:
50 g Leinsamen
200 ml Wasser
100 g Weizen- oder Haferkleie
500 g Vollkornhaferflocken
3 EL Traubenzucker
100 g Honig
etwas Milch
je 3 Bananen, Äpfel und Möhren

Apfel-Möhren-Stangen

Zubereitung:

1. Die Möhren und die Äpfel fein raspeln. Mit den weiteren Zutaten gut vermischen.
2. Die Masse zu fingerdicken, etwa 2 Zentimeter langen Röllchen formen.
3. Die Röllchen auf ein mit Backpapier ausgelegtes Backblech geben und bei 100 Grad circa 30 Minuten backen.

Zutaten:
5 große Möhren
3 große Äpfel
100 g Vollkornmehl
100 g Traubenzucker
50 g Vollkornhaferflocken

Melasseleckerchen

Zubereitung:

1. Alle Zutaten verrühren.
2. Den Teig etwa 2 Zentimeter dick auf ein gefettetes oder mit Backpapier ausgelegtes Backblech streichen. Mit einem Messer in 3 × 3 Zentimeter große Leckerli schneiden.
3. Bei 125 Grad circa 25 Minuten backen.
4. Nach dem Erkalten die Leckerli auseinanderbrechen.

Die Leckerli luftig lagern und erst nach zwei Tagen verfüttern!

Zutaten:
200 g Weizenkleie
250 g Vollkornmehl
2 TL Backpulver
120 g Zucker
120 g Melasse oder Apfeldicksaft
1 TL Salz
etwas Wasser nach Bedarf

Knusprige Belohnungen

Zubereitung:
1. Das Kerngehäuse der Äpfel ausstechen. Äpfel und Möhren schälen und in eine Schüssel reiben.
2. Die Haferflocken und die Weizenkleie hinzugeben und die Masse kneten, bis ein formbarer Teig entstanden ist.
3. Den Rohrzucker dazugeben und nochmals gut durchkneten.
4. Aus dem Teig daumendicke Röllchen formen und auf ein mit Backpapier ausgelegtes Backblech geben.
5. Auf mittlerer Schiene bei 125 Grad 60 Minuten backen, dann die Röllchen wenden und weitere 10 Minuten fertig backen.

Die Leckerli luftig lagern und erst nach zwei Tagen verfüttern!

Zutaten:
5 Äpfel
2 mittelgroße Möhren
300 g Vollkornhaferflocken
50 g Weizenkleie
1 EL brauner Rohrzucker

Einfache Obstleckerli

Zubereitung:
1. Obst oder Gemüse in eine Schüssel reiben.
2. So viele Haferflocken hinzugeben, dass ein zäher Teig entsteht. Sollte die Masse nicht ausreichend zähflüssig sein, kann mit Mehl angedickt oder mit wenig Wasser verlängert werden. Der Teig hat die richtige Konsistenz, wenn er nicht wieder auseinanderfällt.
3. Aus dem Teig mithilfe eines Teelöffels kleine, nicht zu dicke Häufchen auf ein mit Backpapier ausgelegtes Blech setzen. Bei etwa 180 Grad so lange backen, bis die Leckerli hart geworden sind.
4. Die gebackenen Leckerli noch zwei Tage bei Raumluft durchtrocknen lassen.

Zutaten:
Obst oder Gemüse nach Wahl
Vollkornhaferflocken
etwas Vollkornmehl
ggf. Wasser

Einfache Obstleckerli

Apfelbällchen

Zubereitung:
1. Alle Zutaten in einer großen Schüssel gut verrühren.
2. Aus dem Teig pflaumendicke Bälle formen und auf einem mit Backpapier ausgelegten Backblech bei 120 Grad 35 bis 45 Minuten backen.

Haltbarkeit: drei bis vier Tage

Zutaten:
375 g Apfelkompott mit Stücken (kein Apfelmus!)
300 g Vollkornhaferflocken
150 g Weizenkleie
50 g geschroteter Leinsamen
100 g Traubenzucker

Zuckerrübenleckerli

Zubereitung:
1. Alle Zutaten vermischen, zu kleinen Kugeln formen.
2. Auf ein gefettetes Backblech legen und bei 200 Grad 15 bis 20 Minuten backen.

Tipp

Für andere Geschmacksrichtungen kann man folgende Zutaten dazumischen: Kamillenblüten, Teemischungen, Apfelstücke, geraspelte Möhre, Bananenchips.

Zutaten:
200 g Vollkornmehl
150 g Vollkornhaferflocken
250 g Zuckerrübensirup
eventuell etwas Wasser

Apfelküchlein

Zubereitung:
1. Die Apfelringe mit den Fingern in kleine Stücke zerbrechen.
2. Alle Zutaten in einer großen Schüssel zu einem Teig verarbeiten.
3. Aus dem Teig walnussgroße Kugeln formen und platt drücken.
4. Die Apfelküchlein auf ein mit Backpapier ausgelegtes Blech geben und bei 180 Grad circa 20 Minuten backen.
5. Vor dem Verfüttern noch einen Tag trocknen lassen.

Zutaten:
50 g getrocknete Apfelringe (aus dem Supermarkt oder Reformhaus)
150 g Vollkornmehl
50 g geschrotete Weizenkleie
50 g Vollkornhaferflocken
50 g Leinsamen
200 g Honig
Wasser nach Bedarf

Apfel-Hafer-Kugeln

Zubereitung:

1. Die Äpfel schälen und auf einer feinen Reibe in eine Schüssel reiben.
2. Haferflocken und Rohrzucker zu den Äpfeln geben und unterrühren, bis ein gut formbarer Teig entstanden ist. Sollte der Teig noch zu weich sein, einfach weitere Haferflocken dazugeben.
3. Walnussgroße Kugeln formen und auf ein mit Backpapier ausgelegtes Backblech geben.
4. Auf der mittleren Schiene bei 150 Grad 60 Minuten backen, dann die Kugeln wenden und nochmals 10 Minuten weiterbacken. Die Kugeln dürfen nicht mehr weich sein, da sie sonst schnell verderben.

Die Leckerli erst nach zwei Tagen verfüttern.

Zutaten:
5 mittelgroße Äpfel
ca. 420 g Vollkornhaferflocken
1 EL brauner Rohrzucker

Apfel-Zimt-Happen

Zubereitung:

1. Das Kerngehäuse der Äpfel entfernen, die Äpfel schälen und in eine Schüssel reiben.
2. Die Weizenkleie und die Vollkornhaferflocken zu den Äpfeln geben und verkneten, bis ein formbarer Teig entstanden ist.
3. Den Rohrzucker und den Zimt dazugeben und nochmals gut durchkneten.
4. Aus dem Teig daumendicke Röllchen formen und auf ein mit Backpapier ausgelegtes Backblech geben.
5. Auf mittlerer Schiene bei 125 Grad 60 Minuten backen, dann die Röllchen wenden und nochmals 10 Minuten weiterbacken.

Die Leckerli luftig lagern und erst nach zwei Tagen verfüttern!

Zutaten:
6 Äpfel
50 g Weizenkleie
300 g Vollkornhaferflocken
1 EL brauner Rohrzucker
1 EL Zimt

Flockenkracher

Zubereitung:
1. Die Zutaten zu einem festen Brei verrühren.
2. In kleinen Häufchen auf ein mit Backpapier ausgelegtes Backblech geben und 20 Minuten bei 200 Grad backen.

Die Leckerli luftig lagern und erst nach zwei Tagen verfüttern!

Zutaten:
200 g Vollkornmehl
½ TL Salz
3 Handvoll Vollkorn-
haferflocken
75 ml Wasser

Hafer-Möhren-Brocken

Zubereitung:
1. Die Haferflocken mit so viel Milch verrühren, dass ein zäher Brei entsteht.
2. Die Äpfel entkernen, schälen und reiben, die Möhren schälen und reiben. Äpfel und Möhren zum Hafer-flockenbrei geben und unterrühren.
3. Honig und Zuckerrübensirup ebenfalls untermischen.
4. Die Masse auf ein gefettetes Backblech streichen und bei 180 bis 200 Grad backen, bis der Teig braun und fest ist (circa 1 bis 2 Stunden, je nach Flüssigkeits-gehalt des Teiges).
5. Nach dem Abkühlen die feste Masse in kleine Stückchen brechen.

Bitte erst am zweiten Tag nach dem Backen verfüttern!

Zutaten:
500 g Vollkornhafer-
flocken
etwas Milch
2–3 Äpfel
2–3 Möhren
etwas Honig
3 EL Zuckerrübensirup

Tipp
Diese Leckerli sind auch ein gesunder Pausensnack für Reiter!

Honig-Apfel-Kugeln

Zubereitung:
1. Den Apfel entkernen, schälen und reiben, die Möhren schälen und reiben.
2. Alle Zutaten vermischen, bis der Teig gut formbar ist.
3. Kleine Kugeln formen, auf ein mit Backpapier ausge-legtes Backblech geben und bei 150 bis 170 Grad circa 20 Minuten backen, bis sie leicht braun sind.

Zutaten:
1 Apfel
2–3 Möhren
150 g Vollkornhafer-
flocken
100 g Honig
200 g Vollkornmehl

Biocracker

Zubereitung:

1. Alle Zutaten in einer großen Schüssel verrühren.
2. Den gut formbaren Teig in beliebige Formen kneten oder mit verschiedenen Plätzchenausstechern individuell gestalten.
3. Die Cracker auf ein mit Backpapier ausgelegtes Backblech setzen und bei 180 Grad 15 bis 20 Minuten backen.
4. Auf einem Rost erkalten und aushärten lassen.

Zutaten:
200 g Bio-Dinkelmehl
150 g Bio-Vollkornhafer-flocken
225 g Ahornsirup
150 g Nussmischung

Bananenleckerchen

Zubereitung:
1. Die Bananen schälen und in einer Schüssel gut zerdrücken.
2. Die Haferflocken und den Honig dazugeben und alles gut vermengen.
3. Auf ein mit Backpapier ausgelegtes Backblech kleine Häufchen setzen und bei 150 Grad etwa 30 Minuten backen, bis die Leckerchen goldbraun sind.

Haltbarkeit: innerhalb von zwei Tagen verfüttern

Zutaten:
1–3 große Bananen
1–3 Handvoll Vollkorn-
haferflocken
3 EL Honig

Haferstarke Pferdehappen

Zubereitung:
1. Die Äpfel schälen und in eine Schüssel reiben. Die Bananen schälen, mit einer Gabel zerdrücken und zu den Äpfeln geben.
2. Haferflocken und Rohrzucker in das Mus geben und unterrühren, bis ein gut formbarer Teig entstanden ist. Sollte der Teig noch zu weich sein, ein paar Haferflocken zugeben.
3. Walnussgroße Kugeln formen und auf ein mit Backpapier ausgelegtes Backblech geben.
4. Bei 150 Grad 60 Minuten backen, dann die Kugeln wenden und nochmals etwa 15 Minuten weiterbacken. Die Kugeln dürfen zum Verfüttern nicht mehr weich sein.

Zutaten:
3 mittelgroße Äpfel
2 große Bananen
420 g Hafer
1 EL brauner Rohrzucker

Bananen-Weizen-Kugeln

Zubereitung:
1. Die Bananen schälen, in kleine Stücke schneiden und mit dem Pürierstab in einer großen Schüssel zu Mus verarbeiten.
2. Die restlichen Zutaten untermischen. Falls der Teig zu trocken ist, etwas Apfelsaft hinzufügen.
3. Aus dem Teig mit der Hand kleine Kugeln formen. Auf mit Backpapier ausgelegtem Backblech bei 100 Grad circa 30 Minuten backen.
4. Nach dem Auskühlen im Kühlschrank lagern.

Haltbarkeit: drei Tage

Zutaten:
6 mittelreife Bananen
100 g Vollkornhafer-flocken
100 g geschroteter Leinsamen
160 g Traubenzucker
200 g Weizenkeime
100 g Dinkelflocken

Bananen-Vanille-Stangen

1. Die Äpfel entkernen, schälen und reiben. Die Bananen schälen und zerdrücken.
2. Die Weizenkleie und die Vollkornhaferflocken hinzugeben und untermischen, bis ein formbarer Teig entstanden ist.
3. Den Rohrzucker und das Vanillemark dazugeben und den Teig nochmals gut durchkneten.
4. Aus dem Teig daumendicke Röllchen formen und auf ein mit Backpapier ausgelegtes Backblech legen. Auf der mittleren Schiene bei 125 Grad 60 Minuten backen, dann die Röllchen wenden und nochmals 10 Minuten fertig backen.

Die Leckerli luftig lagern und erst nach zwei Tagen verfüttern!

Zutaten:
3 Äpfel
3 Bananen
50 g Weizenkleie
300 g Vollkornhafer-flocken
1 EL brauner Rohrzucker
Mark von 1 Vanilleschote

Rooibos-Leckerli

Zubereitung:
1. Die Haferflocken, das Vollkornmehl und das Back-pulver in einer großen Schüssel gut vermischen.
2. Den Tee untermischen.
3. Den Honig und das Sonnenblumenöl unterkneten.
4. Aus dem Teig kirschgroße Kugeln formen, die Kugeln auf ein mit Backpapier ausgelegtes Backblech geben und bei 180 Grad etwa 20 Minuten backen.

Zutaten:
125 g Vollkornhafer-flocken
100 g Vollkornmehl
2 TL Backpulver
2–3 EL Rooibos-teemischung
5 EL Honig
75 ml Sonnenblumenöl

Dinkel-Vollkorn-Kringel

Zubereitung:
1. Alle Zutaten vermengen und zu einem relativ festen Teig verarbeiten. Falls der Teig zu fest sein sollte, etwas Wasser untermengen, bei einem zu flüssigen Teig noch ein paar Haferflocken beigeben.
2. Den Teig zu kleinen Röllchen formen und auf einem mit Backpapier ausgelegten Backblech bei 180 Grad backen, bis sie schön hart und braun sind.

Zutaten:
200 g Dinkelmehl
150 g Vollkornhafer-flocken
225 g Zuckerrübensirup oder Honig

Schwarzkümmelbrocken

Zubereitung:
1. Die Äpfel entkernen, schälen und reiben, die Möhren schälen und reiben. Die Bananen schälen und mit einer Gabel zerdrücken.
2. Alle weiteren Zutaten in eine Schüssel geben und zu einem Brei verarbeiten. Äpfel, Möhren und Bananen unterheben.
3. Den Teig auf ein mit Backpapier ausgelegtes Back-blech streichen und bei etwa 200 Grad 30 Minuten backen, bis er schön braun ist.
4. Über Nacht aushärten lassen und am nächsten Tag zerbrechen.

Zutaten:
3 Äpfel
4 Möhren
3 Bananen
100 g Weizenkleie
40 g Leinsamen
4 EL Traubenzucker
450 ml fettarme Milch
50 ml Schwarzkümmelöl
3 EL Honig
2 TL Kümmel

Majoran-Ecken

Zubereitung:
1. Die Äpfel entkernen, schälen und reiben, die Möhren schälen und reiben. Die Bananen schälen und mit einer Gabel zerdrücken.
2. Alle Zutaten zu einem Brei verrühren.
3. Den Teig auf ein mit Backpapier ausgelegtes Backblech streichen und bei 200 Grad etwa 30 Minuten backen, bis der Teig schön braun ist.
4. Über Nacht außerhalb des Backofens stehen lassen und am nächsten Tag zerbrechen.

Vor dem Verfüttern noch ein bis zwei Tage an einem warmen Ort aushärten lassen.

Zutaten:	
3 Äpfel	50 g gequetschter Leinsamen
4 Möhren	500 ml fettarme Milch
3 Bananen	2 TL Jodsalz
100 g Weizen- oder Haferkleie	3 TL Majoran
	10 g Honig

Leckere Möhrenkracher

Zubereitung:
1. Die Äpfel entkernen, schälen und reiben, die Möhren schälen und reiben.
2. Die Haferflocken mit so viel Milch verrühren, dass ein zäher Brei entsteht. Anschließend die geriebenen Äpfel und Möhren sowie den Honig in den Brei rühren.
3. Die Masse auf ein gefettetes Backblech streichen und bei 180 bis 200 Grad je nach Feuchtigkeit des Teigs 1 bis 2 Stunden backen.
4. Nach dem Abkühlen die feste Masse in Stücke brechen.

Vor dem Verfüttern noch zwei Tage durchtrocknen lassen.

Zutaten:
3 Äpfel
3 Möhren
500 g Vollkornhaferflocken
etwas Milch
5 EL Honig oder Sirup

Tipp

Die Leckerli sind nicht nur für Pferde sehr wohlschmeckend, sondern auch bei Reitern als Pausensnack beliebt.

Ponyhappen

Zubereitung:

1. Die Kräuterbonbons in dem Wasser auflösen.
2. Die Äpfel entkernen, schälen und reiben, die Möhren schälen und reiben.
3. Die Erdbeeren putzen und in Würfel schneiden.
4. Haferflocken, Kleie und Erdbeeren vermengen. Die aufgelösten Bonbons dazugeben. Äpfel und Möhren unter die Masse mischen. Falls der Teig zu trocken ist, etwas Wasser hinzufügen; falls er zu nass ist, noch etwas Kleie untermengen.
5. Den Teig circa 45 Minuten ruhen lassen, damit die Kleie gehen kann. Dann Kleckse auf ein mit Backpapier ausgelegtes Backblech setzen und platt drücken.
6. Bei 175 Grad 60 bis 90 Minuten backen, zwischendurch wenden.

Zutaten:
3 Kräuterbonbons
500 ml lauwarmes Wasser
3 Äpfel
3 Möhren
1 Handvoll Erdbeeren
500 g Vollkornhaferflocken
250 g Weizenkleie
500 g Wasser

Rote-Bete-Leckerchen

Zubereitung:

1. Alle Zutaten vermischen und gut durchkneten.
2. Eine lange Rolle mit etwa 5 Zentimeter Durchmesser formen und in etwa 2 Zentimeter lange Stücke schneiden.
3. Die Leckerchen bei 120 bis 150 Grad auf einem eingefetteten Backblech circa 30 Minuten backen.

Vor dem Verfüttern einige Tage trocknen lassen!

Zutaten:
100 g Zuckerrübensirup
50–100 ml Rote-Bete-Saft
200 g Vollkornmehl
150 g Vollkornhaferflocken

Rote-Bete-Kugeln

Zubereitung:

1. Rote Bete waschen und ungeschält fein reiben.
2. Weizenkleie, Haferflocken und Traubenzucker unter die Rote Bete mengen.
3. Die Masse mit dem Fruchtsaft verdünnen, sodass ein gut formbarer Brei entsteht.
4. Mit feuchten Händen etwa 3 Zentimeter dicke Kugeln formen und im Backofen bei 130 Grad etwa 25 Minuten backen.

Zutaten:
300 g Rote Bete
100 g Weizenkleie
100 g Vollkornhaferflocken
120 g Traubenzucker
100 ml Multivitaminsaft

Bananen-Trauben-Leckerchen

Zubereitung:

1. Die Äpfel raspeln, Bananen und Weintrauben mit einer Gabel zerdrücken.
2. Das Obst mit den Haferflocken, der Kleie und dem Wasser vermengen. Falls der Teig zu trocken ist, etwas Wasser hinzufügen; falls er zu nass ist, noch etwas Kleie untermengen.
3. Den Teig etwa 45 Minuten ruhen lassen, damit die Kleie gehen kann. Dann mit zwei Löffeln kleine Portionen auf ein mit Backpapier ausgelegtes Backblech setzen und platt drücken.
4. Bei 175 Grad 60 bis 90 Minuten backen, zwischendurch wenden.

Nur völlig durchgetrocknet lagern.

Zutaten:
3 Äpfel
3 Bananen
1 Handvoll Weintrauben
500 g Vollkornhaferflocken
250 g Weizenkleie
500 g Wasser

Vollkorn-Mais-Leckerli

Zubereitung:
1. Zuckerrübensirup, Maismehl und Vollkornhaferflocken gut vermischen, eventuell etwas Wasser dazugeben.
2. Aus dem Teig möglichst gleichmäßige wallnussgroße Kugeln formen.
3. Die Kugeln auf ein eingefettetes oder mit Backpapier ausgelegtes Blech setzen und bei 120 Grad etwa 2 Stunden backen.

Vor dem Verfüttern einige Tage trocknen lassen.

Zutaten:
225 g Zuckerrübensirup
200 g Maismehl
150 g Vollkornhaferflocken
eventuell etwas Wasser

Früchtetee-Leckerli

Zubereitung:
1. Mehl, Kleie, Haferflocken und Tee in einer großen Schüssel vermengen, in der Mitte eine Mulde formen.
2. Den Honig in einem Topf leicht erhitzen, bis er flüssig wird. Den Honig in die Mulde geben und alles mit einem Löffel von innen nach außen rührend vermischen. Der Teig ist genau richtig, wenn er nicht mehr auseinanderfällt. Falls der Teig zu trocken ist, eventuell etwas Wasser zugeben.
3. Mit einem Teelöffel kleine Kugeln (circa 2 Zentimeter Durchmesser) formen.
4. Die Kugeln auf ein mit Backpapier ausgelegtes Backblech geben und bei 160 Grad 15 bis 20 Minuten backen.

Vor dem Verfüttern einen Tag trocknen lassen.

Zutaten:
150 g Vollkornmehl
100 g geschrotete Weizenkleie
200 g Vollkornhaferflocken
50–70 g Früchteteemischung (ohne schwarzen Tee)
200–250 g Honig
eventuell etwas Wasser

Möhrenhappen mit Hirse

Zubereitung:
1. Alle Zutaten in einer Schüssel verrühren.
2. Aus dem Teig fingerdicke, circa 4 Zentimeter lange Rollen formen und bei 120 Grad etwa 45 Minuten backen.

Die Möhrenhappen sollten im Kühlschrank aufbewahrt werden. Sie sind dann etwa eine Woche haltbar.

Zutaten:
2 kg Möhren
200 g Hirse
200 g Vollkornmehl
200 g Traubenzucker
100 g Vollkornhafer-
flocken
100 g geschälte
Sonnenblumenkerne

Fruchtknusper

Zubereitung:
1. Die Äpfel entkernen, schälen und reiben, die Möhren schälen und reiben. Die Bananen schälen und mit einer Gabel zerdrücken.
2. Alle Zutaten in einer Schüssel vermengen, eventuell etwas Wasser dazugeben.
3. Den Teig in eine Spritztüte füllen und circa 3 Zentimeter lange Enden auf ein mit Backpapier ausgelegtes Blech geben. Bei circa 180 Grad 1 Stunde lang backen.

Vor dem Verfüttern einige Tage trocknen lassen.

Zutaten:
2 Äpfel
4 Möhren
2 Bananen
400 g Dinkelflocken
400 g Vollkornhafer-
flocken
300–400 g Zucker-
rübensirup
200 g Maisflocken

Möhrenkleierollen

Zubereitung:
1. Alle Zutaten mit so viel Möhrensaft vermischen, dass eine zähe Masse entsteht.
2. Den Teig zu fingerdicken Rollen formen, die Rollen in 5 Zentimeter lange Stücke schneiden. Bei 180 Grad etwa 25 Minuten backen.

Einige Tage trocknen lassen.

Zutaten:
200 g Weizenkleie
250 g Vollkornmehl
2 TL Backpulver
5 EL Honig
60 ml Möhrensaft

Milchis

Zubereitung:
1. Die Äpfel entkernen, schälen und reiben, die Möhren schälen und reiben.
2. Die Haferflocken mit der Milch zu einem zähen Brei verrühren. Die Äpfel und Möhren hinzugeben, den Honig und Zuckerrübensirup untermischen.
3. Die Masse auf ein gefettetes Backblech streichen und bei 180 bis 200 Grad circa 1 Stunde lang backen, bis sie braun und fest ist.
4. Nach dem Abkühlen in kleine Stücke brechen.

Zutaten:
2 mittelgroße Äpfel
2–3 Möhren
500 g Vollkornhaferflocken
etwas Milch
etwas Honig
3 EL Zuckerrübensirup

Biotinkugeln

Zubereitung:
1. Die Äpfel fein reiben und mit dem Apfelsaft mischen.
2. Die übrigen Zutaten zufügen und die Masse zu einem gut formbaren Teig kneten. Ist der Teig zu fest geworden, kann man ihn mit etwas Apfelsaft strecken.
3. Den Teig zu tischtennisballgroßen Kugeln formen.
4. Die Kugeln auf ein mit Backpapier ausgelegtes Backblech legen und bei 130 Grad 45 Minuten backen.

Haltbarkeit: im Kühlschrank vier Tage

Zutaten:
3 Äpfel
150 ml Apfelsaft
60 g Biotinpulver (Apotheke)
250 g Vollkornhaferflocken
50 g Vollkornmehl
3 EL geschroteter Leinsamen

Tipp
Die Biotinkugeln unterstützen die Fell- und Hufgesundheit.

Birnenstreifen

Zubereitung:

1. Den Apfel und die Birne entkernen, schälen und reiben, die Möhren schälen und reiben. Die Bananen schälen und mit einer Gabel zerdrücken.
2. Alle übrigen Zutaten in eine Schüssel geben und zu einem zähen Brei verrühren. Obst und Möhren dazugeben und unterrühren.
3. Den Teig ausrollen und in etwa 2 Zentimeter lange Streifen schneiden.
4. Die Streifen auf ein mit Backpapier ausgelegtes Backblech geben und bei 200 Grad etwa 90 Minuten braun backen.

Die Leckerli luftig lagern und erst nach zwei Tagen verfüttern!

Zutaten:
1 Apfel
1 Birne
4–5 Möhren
3 Bananen
50 g gequetschter Leinsamen
125 ml Wasser
100 g Weizenkleie
500 g Vollkornhaferflocken
250 ml fettarme Milch
100 g flüssiger Honig
3 EL Traubenzucker

Vollkornbeerchen

Zubereitung:

1. Vollkornmehl, Weizenkleie, Rosinen und Teemischung in eine große Schüssel geben und vermischen.
2. Den Honig in einem Topf leicht erwärmen und mit der Masse vermengen. Den Teig zu walnussgroßen Kugeln formen. Eventuell vorsichtig etwas Wasser zugeben, wenn der Teig zu trocken sein sollte.
3. Die Kugeln auf ein mit Backpapier ausgelegtes Backblech legen und mit einem Löffel leicht platt drücken. Bei 180 Grad etwa 25 Minuten backen.

Vor dem Verfüttern einen Tag trocknen lassen.

Zutaten:

250 g Vollkornmehl	50 g Früchteteemischung
100 g Weizenkleie	250–300 g Honig
50 g Rosinen	3–5 EL Wasser

Früchteleinsamen

Zubereitung:
1. Den Leinsamen mit Wasser circa 20 Minuten kochen und abkühlen lassen.
2. Weizenkleie, Haferflocken, Traubenzucker und Honig einrühren. Milch zufügen, bis ein zäher Brei entsteht.
3. Die Birnen entkernen, schälen und reiben, die Möhren schälen und reiben. Die Bananen schälen und mit einer Gabel zerdrücken.
4. Die Früchte und Möhren zum Teig geben. Zu einer fingerdicken Rolle formen und in 2 Zentimeter lange Streifen schneiden.
5. Die Leckerchen auf einem mit Backpapier ausgelegten Backblech bei 200 Grad etwa 90 Minuten backen (je nach Flüssigkeit des Teiges), bis sie goldbraun sind.

Die Leckerli luftig lagern und erst nach zwei Tagen verfüttern!

Zutaten:
100 g Leinsamen
250 ml Wasser
100 g Weizenkleie
500 g Vollkornhafer-flocken
3 EL Traubenzucker
100 g Honig
250 ml Milch
2 Birnen
4–5 Möhren
4 Bananen

Erdbeerflocken

Zubereitung:
1. Die Äpfel schälen, das Kerngehäuse entfernen, das Fruchtfleisch in Würfel schneiden und mit wenig Wasser weich dünsten.
2. Die weichen Apfelstücke und die Erdbeeren mit einer Gabel zerdrücken. Die dabei überschüssige Flüssigkeit auffangen. Das Fruchtmus mischen.
3. Das Dinkelmehl mit den Haferflocken und dem Apfel-Erdbeer-Mus verkneten. Ist der Teig zu bröckelig, mit etwas Apfelsaft geschmeidiger kneten.
4. Den Teig zu einer 5 Zentimeter dicken Rolle formen und 30 Minuten im Kühlschrank ruhen lassen.
5. Von der Teigrolle 1 Zentimeter dicke Scheiben abschneiden. Die Scheiben auf ein mit Backpapier ausgelegtes Backblech legen und bei 180 Grad 15 bis 20 Minuten backen.

Vor dem Verfüttern zwei bis drei Tage gut aushärten lassen.

Zutaten:
2–3 Äpfel
150 g Erdbeeren (frisch oder TK)
200 g Dinkelmehl
150 g Vollkornhafer-flocken

Roggen-Hafer-Platten

Zubereitung:
1. Alle Zutaten in einer Schüssel verrühren.
   Der Teig sollte eine klebrige Masse ergeben.
2. Mit angefeuchteten Händen 2 Zentimeter große
   Bällchen formen. Die Bällchen auf circa 1 Zentimeter
   Dicke platt drücken. Wenn der Teig zu sehr an den
   Händen klebt, etwas Mehl in die Handflächen geben.
3. Bei 180 Grad 15 bis 20 Minuten backen.

**Die Platten luftig lagern und
erst nach zwei Tagen verfüttern.**

Zutaten:
400 g Vollkornhafer-
flocken
350 g Roggenvoll-
kornmehl
450 g Zuckerrübensirup

Süße Weizenbrocken

Zubereitung:
1. Alle Zutaten in einer großen Schüssel verkneten,
   bis ein glatter Teig entsteht. Ist der Teig zu fest, etwas
   Apfelsaft beimischen; ist er zu weich, etwas Mehl
   untermischen.
2. Den Teig 1 bis 2 Zentimeter dick ausrollen und mit
   einem Messer circa alle 6 Zentimeter die Sollbruchstellen eindrücken. Bei 180 Grad circa 20 Minuten
   backen, bis der Teig schön braun ist.
3. Nach dem Abkühlen in Stücke brechen.

Erst nach drei Tagen Nachtrocknen verfüttern.

Zutaten:
225 g Zuckerrübensirup
200 g Vollkornmehl
100 g Weizenkleie
150 g Vollkornhafer-
flocken
etwas Salz

Cookies

Zubereitung:
1. Den Apfel entkernen, schälen und reiben, die Möhren
   schälen und reiben. Die Banane schälen und mit einer
   Gabel zerdrücken.
2. Alle Zutaten vermischen.
3. Den Teig auf einem mit Backpapier ausgelegten Backblech ausrollen und mit einem Messer Würfel von circa
   4 × 4 Zentimeter Größe einritzen, damit sich die fertigen
   Leckerli einfacher auseinanderbrechen lassen.
4. Bei 175 Grad etwa 20 Minuten backen.

Zutaten:
1 Apfel
2 Möhren
1 Banane
2 TL Sonnenblumenöl
100 g Zuckerrübensirup
1 TL Salz
50 g gequetschter Hafer
50 g Vollkornmehl

Fenchelbällchen

Zubereitung:
1. Die Fenchelknolle sehr klein schneiden.
2. 300 g Maisflocken in der Hälfte des Wassers einweichen und umrühren.
3. Die Maisstärke mit etwas Wasser mischen.
4. Den Vanillezucker und den Fenchel bei geringer Hitze erwärmen, bis sich der Zucker gelöst hat. Die Maisstärke zufügen. Kurz aufkochen lassen, dann das Sonnenblumenöl, den Zitronensaft und die restlichen Maisflocken einrühren.
5. Sobald die bröckelige Masse genügend abgekühlt ist, mit festem Druck etwa walnussgroße Kugeln formen und auf ein ausgelegtes Backblech legen. Die Fenchelbällchen bei 150 Grad etwa 30 Minuten nachtrocknen.

Zutaten:
1 Fenchelknolle
400 g Maisflocken
ca. 400 ml Wasser
100 g Maisstärke
20 g Vanillezucker
125 ml Sonnenblumenöl
1 EL Zitronensaft

Aprikosenkugeln

Zubereitung:
1. Die getrockneten Aprikosen in kleine Stücke schneiden.
2. Die Weizenkleie, die Haferflocken und den Traubenzucker nacheinander unter die Aprikosen mengen. Die Masse mit dem Aprikosen- oder Möhrensaft mischen, bis ein gut formbarer Teig entsteht.
3. Mit feuchten Händen 3 Zentimeter große Kugeln formen.
4. Die Kugeln auf ein gefettetes oder mit Backpapier ausgelegtes Backblech setzen und bei 180 Grad etwa 25 Minuten schön braun backen.

Die Leckerli vor dem Verfüttern gut durchtrocknen lassen, bis sie komplett hart sind.

Zutaten:
1 Handvoll getrocknete Aprikosen
100 g Weizenkleie
100 g Vollkornhaferflocken
120 g Traubenzucker
75 ml Aprikosen- oder Möhrensaft

Fenchelbällchen

Maisriegel

Zubereitung:
1. Alle Zutaten verrühren und zu fingerdicken, 5 Zentimeter langen Rollen formen.
2. Die Rollen auf ein mit Backpapier ausgelegtes Backblech geben und bei 180 Grad 20 bis 30 Minuten backen.

Vor dem Verfüttern zwei Tage luftig durchtrocknen lassen.

Zutaten:
225 g Zuckerrübensirup
200 g Maismehl oder Maisstärke
150 g Vollkornhaferflocken

Apfelknusperplätzchen

Zubereitung:
1. Die Äpfel grob raspeln. Mit den Vollkornhaferflocken, den Haferpops oder Maisflocken und dem Öl vermischen. Nach Bedarf den Teig mit Wasser oder Mehl etwas zähflüssiger machen.
2. Den Teig mit einem Teelöffel auf ein mit Backpapier ausgelegtes Backblech klecksen und bei 150 Grad etwa 45 Minuten backen.

Die Plätzchen vor dem Verfüttern vier Tage trocknen lassen.

Zutaten:
4 große Äpfel
200 g Vollkornhaferflocken
100 g Haferpops oder Maisflocken
150 ml Öl
Wasser
Vollkornmehl

Apfel-Rosinen-Plätzchen

Zubereitung:
1. Die Äpfel und Möhren raspeln.
2. Alle Zutaten zu einem formbaren Teig verkneten.
3. Den Teig zu einer 1,5 Zentimeter dünnen Rolle formen, 3 Zentimeter lange Stücke abschneiden.
4. Die Röllchen auf ein mit Backpapier ausgelegtes Backblech geben und bei 180 Grad etwa 10 Minuten backen, bis sie schön braun geworden sind.

Vor dem Verfüttern einen Tag trocknen lassen.

Zutaten:
3 Äpfel
3 Möhren
20 g Rosinen
500 g Vollkornhaferflocken
500 ml Wasser
250 g Weizenkleie

Vollkornsnacks

Zubereitung:
1. Alle Zutaten gut vermischen und zu einer Kugel formen.
2. Die Arbeitsplatte mit Haferflocken auslegen und darauf aus der Kugel eine etwa 3 Zentimeter dicke Rolle formen und in Scheiben schneiden.
3. Die Vollkornsnacks auf einem mit Backpapier ausgelegten Backblech bei 200 Grad circa 20 Minuten backen.

Die Leckerli luftig lagern und erst nach zwei Tagen verfüttern.

Zutaten:
500 g Zuckerrübensirup
250 g Vollkornhaferflocken
750 g Vollkornmehl
eventuell etwas Wasser

Powerpferderiegel

Zubereitung:
1. Die Äpfel raspeln, die Bananen schälen und mit einer Gabel zerdrücken.
2. Alle Zutaten in eine Schüssel geben und gut durchmischen.
3. Den Teig auf ein mit Backpapier ausgelegtes Backblech geben und glatt streichen. Bei 180 Grad 20 bis 30 Minuten backen, bis der Teig leicht braun und fest ist.
4. Nach dem Auskühlen mit einem Messer in die gewünschte Riegelgröße schneiden und weitere zwei bis drei Tage auf der Heizung trocknen lassen.

Zutaten:
2 große Äpfel
2 Bananen
500 g Vollkornhaferflocken
100 g Zuckerrübensirup

Leckere Pfannkuchen

Zubereitung:

1. Den Apfel raspeln, die Bananen schälen und mit einer Gabel zerdrücken. Den Apfel und die Bananen vermengen.
2. Vollkornmehl, Backpulver, Leinsamen, Salz, Ei und Wasser zu einem geschmeidigen Teig verrühren und in einer Pfanne backen.
3. Den ausgekühlten Pfannkuchen mit der Apfel-Bananen-Mischung bestreichen und mit den Haferflocken bestreuen.
4. Den Pfannkuchen aufrollen und dem Pferd anbieten.

Zutaten:
1 Apfel
2 Bananen
40 g Vollkornmehl
1 TL Backpulver
1 EL Leinsamen
1 Prise Salz
1 Ei
50 ml Wasser
20 g Vollkornhafer-
flocken

Nussecken

Zubereitung:

1. Die Margarine in einer Pfanne schmelzen.
2. Den Traubenzucker und den Honig langsam zufügen und zu einer Paste verarbeiten.
3. Die gemahlenen Haselnüsse, Sonnenblumenkerne, Mandeln und Dinkelflocken hinzufügen.
4. Die Masse etwa 1 Zentimeter dick auf ein mit Backpapier ausgelegtes Backblech streichen und abkühlen lassen.
5. Mit einem Messer Dreiecke als Sollbruchstellen einritzen und später einfach abbrechen.

Zutaten:
200 g Margarine
150 g Traubenzucker
4 EL Honig
80 g gemahlene Haselnüsse
80 g Sonnenblumenkerne
50 g gehackte Mandeln
100 g Dinkelflocken

Flohsamenbrocken

Zubereitung:

1. Vollkornmehl, Weizenkleie, Traubenzucker und Flohsamen gut vermischen.
2. Die Äpfel raspeln und zu der Mehlmischung geben. Zusammen mit den restlichen Zutaten zu einem mittelfesten Teig verkneten.
3. Aus dem Teig kleine Häufchen formen und sie auf ein mit Backpapier ausgelegtes Backblech setzen. Bei 120 Grad etwa 45 Minuten trocknen.

Die Brocken erst im völlig getrockneten Zustand verfüttern.

Zutaten:
100 g Vollkornmehl
100 g Weizenkleie
100 g Traubenzucker
4 EL Flohsamen
3 Äpfel
50 g Sonnen-
blumenkerne
150 ml Distelöl
150 ml Kamillentee

Tipp

Flohsamen wirken unterstützend und vorbeugend bei Verdauungsproblemen und Sandkoliken.

Kalkkekse für Fohlen

Zubereitung:
1. Die Äpfel reiben.
2. Alle Zutaten in einer großen Schüssel zu einem Teig verarbeiten.
3. Den Teig auf einer bemehlten Arbeitsfläche circa 1 Zentimeter dick ausrollen. Beliebige Formen ausstechen.
4. Die Kekse auf ein mit Backpapier ausgelegtes Backblech legen und bei 100 Grad circa 60 Minuten backen.

Vor dem Verfüttern die Kekse gut durchtrocknen lassen.

Zutaten:
3 Äpfel
100 g Vollkornmehl
100 g Weizenkleie
100 g Futterkalk
100 g Rohrzucker
100 g Sonnen-
blumenkerne
150 ml Distelöl
1 ml Fencheltee

Kalziumkringel

Zubereitung:
1. Mehl, Kleie, Traubenzucker und das Kalziumpräparat gut vermischen.
2. Die Äpfel ungeschält fein raspeln und zur Mehl-mischung geben.
3. Den Teig verkneten, dann die Leinsamen, das Öl und den Tee hinzufügen, sodass ein mittelfester Teig entsteht.
4. Den Teig auf einer mit Mehl bestäubten Arbeitsfläche zu einer 5 Zentimeter dicken Wurst rollen und in 1 Zentimeter dicke Scheiben schneiden.
5. Die Scheiben auf ein mit Backpapier ausgelegtes Backblech legen und bei 120 Grad circa 45 Minuten trocknen.

Die fertigen Plätzchen dürfen erst im abgekühlten Zustand verfüttert werden und sind für zwei Tage ausreichend.

Haltbarkeit: zwei bis drei Tage

Zutaten:
100 g Vollkornmehl
100 g Weizen- oder
Haferkleie
100 g Traubenzucker
100 g Kalziumpräparat
für Pferde
3 große Äpfel (alternativ
400 g Apfelmus)
50 g Leinsamen
150 ml Leinsamen- oder
anderes Pflanzenöl
150 ml Früchtetee

Tipp
Speziell für Fohlen geeignet!

Rössleinkugeln

Zubereitung:

1. Die Hagebutten musen oder in einem Mörser zerdrücken.
2. Das Vollkornmehl mit den Haferflocken und dem geschroteten Leinsamen vermischen. Nach und nach das Salz und das Hagebuttenpulver dazugeben.
3. Die Mischung mit dem Apfelkraut zu einem geschmeidigen, gut formbaren Teig verarbeiten.
4. Aus dem Teig kirschgroße Kugeln formen.
5. Die Kugeln auf ein mit Backpapier ausgelegtes Backblech setzen und bei 180 Grad 10 bis 20 Minuten backen.

Nach dem Backen drei bis vier Tage durchtrocknen lassen.

Zutaten:
1 Handvoll Hagebutten (frisch oder getrocknet)
200 g Vollkornmehl
150 g kernige Vollkorn-haferflocken
50 g geschroteter Leinsamen
1 gestr. TL Salz
250 g Apfelkraut

Knoblauchmöhren zur Fliegenabwehr

Zubereitung:

1. Die Knoblauchzehen sehr klein schneiden und mit dem Messerrücken leicht zerquetschen.
2. Die Möhren raspeln.
3. Knoblauch und Möhren mit allen anderen Zutaten vermischen. Falls der Teig zu trocken ist, noch etwas Möhrensaft zufügen. Ein zu weicher Teig kann durch die Zugabe von Haferflocken angedickt werden.
4. Den fertigen Teig zu 2 Zentimeter dicken und 5 Zentimeter langen Rollen formen und auf ein mit Backpapier ausgelegtes Backblech legen. Die Rollen bei 100 Grad 30 bis 40 Minuten backen.

Vor dem Verfüttern einige Tage durchtrocknen lassen.

Zutaten:
8 Knoblauchzehen
300 g Möhren
100 g Haferkleie
100 g Semmelbrösel
50 g gequetschter Leinsamen
20 g Sonnen-blumenkerne
100 ml Möhrensaft

Tipp

Damit eine gute Wirkung zur Fliegen-abwehr eintritt, sollte Knoblauch regelmäßig gefüttert werden.

Ginsengbrocken

Zubereitung:

1. Die Möhren und den Apfel fein reiben und mit den restlichen Zutaten zu einem festen Teig verarbeiten. Ist der Teig zu fest, kann vorsichtig etwas Wasser zugegeben werden.
2. Den Teig zu 3 Zentimeter großen Kugeln formen.
3. Die Kugeln auf ein mit Backpapier ausgelegtes Backblech geben und bei 180 Grad circa 20 Minuten backen.

Die Leckerli luftig lagern und erst nach zwei Tagen verfüttern.

Zutaten:
2 Möhren
1 großer Apfel
200 g Vollkornhaferflocken
200 g Maisflocken
200 g Vollkornmehl
5 EL Honig
1 Pck. Backpulver
15 ml Sonnenblumenöl
4–5 EL Ginsengpulver

Tipp

Zur Steigerung der Mobilität älterer Pferde, zur Reduktion von Stressanfälligkeit und zur Verbesserung des Allgemeinzustands.

Vitamincracker
für Senioren

Zubereitung:

1. Die Äpfel entkernen, schälen und reiben, die Möhren schälen und reiben. Die Bananen schälen und mit einer Gabel zerdrücken.
2. Milch, Weizenkleie, Leinsamen, Salz, Traubenzucker und Honig zu einem sämigen Brei verrühren. Die Äpfel, Möhren und Bananen untermischen.
3. Den Teig auf ein Backblech streichen. Bei 200 Grad etwa 30 Minuten backen, bis der Teig braun ist.
4. Über Nacht stehen lassen, dann zerbrechen.

Die Leckerli luftig lagern und erst nach zwei Tagen verfüttern.

Zutaten:
3 Äpfel
5 Möhren
3 Bananen
500 ml Milch
100 g Weizenkleie
40 g Leinsamen
2 TL Salz
4 EL Traubenzucker
10 g Honig

Pferdchen-fit-Kugeln
für Senioren

Zubereitung:

1. Die Äpfel mit der Schale fein reiben.
2. Alle Zutaten in eine Schüssel geben und zu einem gut formbaren Teig verarbeiten. Wird der Teig zu fest, etwas Apfelsaft hinzugeben.
3. Aus dem Teig walnussgroße Kugeln formen.
4. Die Kugeln auf ein mit Backpapier ausgelegtes Backblech geben und bei 130 Grad etwa 45 Minuten backen.

Vor dem Verfüttern gut durchtrocknen lassen.

Zutaten:
3 Äpfel
150 ml Apfelsaft
200 g Vollkornhafer-flocken
50 g Vollkornmehl
3 EL Leinsamen
60 g Biotinpulver

Tipp

Dank ihrer Inhaltsstoffe haben die Leckerli einen besonders positiven Effekt auf Fell, Haut und Hufe.

Ingwerrollen

Zubereitung:

1. Die Äpfel entkernen, schälen und reiben, die Möhre schälen und reiben. Die Banane schälen und mit einer Gabel zerdrücken.
2. Das Obst und Gemüse mit den Haferflocken und der Haferkleie zu einem formbaren Teig verarbeiten.
3. Den Rohrzucker, Ingwer und Honig dazugeben und nochmals gut durchkneten.
4. Aus dem Teig daumendicke, circa 5 Zentimeter lange Rollen formen und auf ein mit Backpapier ausgelegtes Backblech geben. Die Rollen bei 125 Grad 60 Minuten backen. Dann wenden und 10 Minuten weiterbacken.

Die Leckerli luftig lagern und erst nach zwei Tagen verfüttern.

Zutaten:
4 Äpfel
1 Möhre
1 Banane
300 g Vollkornhaferflocken
50 g Haferkleie
1 EL brauner Rohrzucker
2 EL Ingwerpulver
1 EL Honig

Tipp

Die Ingwerrollen eignen sich besonders zur Unterstützung bei Pferden mit Arthrose und lindern allgemein Verschleißerscheinungen beim älteren Pferd.

Sanddorn-Ingwer-Leckerli

Zubereitung:

1. Das Vollkornmehl, die Kleie und den Tee in einer großen Schüssel vermischen. Den Blütenhonig und das Vanillemark dazugeben und gut untermischen.
2. Die Masse zu 3 Zentimeter dicken Kugeln rollen.
3. Die Kugeln auf ein mit Backpapier ausgelegtes Backblech geben und bei 180 Grad etwa 30 Minuten backen.

Die Leckerli luftig lagern und erst nach zwei Tagen verfüttern.

Zutaten:
250 g Vollkornmehl
100 g Weizenkleie
50 g Sanddornteepulver
300 g Blütenhonig
Mark von 1 Vanilleschote

Ingwerrollen

Apfel-Bete

Zubereitung:
1. Die Äpfel und die Rote Bete sehr fein raspeln, sodass ein Brei entsteht. Das Kastanien- und Vollkornmehl, den Traubenzucker und die Haferflocken unterrühren.
2. Den Teig auf einer bemehlten Fläche 1 Zentimeter dick ausrollen. Mit einem Glas oder einer Ausstechform Plätzchen ausstechen.
3. Die Plätzchen auf ein mit Backpapier ausgelegtes Backblech geben und bei 100 Grad 30 Minuten backen.

Vor dem Verfüttern noch einige Tage bei Raumluft durchtrocknen lassen.

Zutaten:
3 Äpfel
1–2 Rote Bete
30 g Kastanienmehl
70 g Vollkornmehl
70 g Traubenzucker
50 g Vollkornhaferflocken

Bananenbällchen

Zubereitung:
1. Die Bananen schälen, mit einer Gabel zerdrücken und mit dem Zucker gründlich vermischen. Leinsamen, Weizenkeime, Naturmüsli oder Dinkelflocken und Haferflocken nach und nach dazugeben, bis ein schwerer Teig entsteht.
2. Den Teig zu walnussgroßen Kugeln formen und auf ein mit Backpapier ausgelegtes Backblech geben. Bei 100 Grad etwa 30 Minuten backen.

Zutaten:
3 Bananen
90 g brauner Zucker
50 g geschroteter Leinsamen
100 g Weizenkeime
50 g Naturmüsli oder Dinkelflocken
50 g Vollkornhaferflocken

Apfelplatten

Zubereitung:
1. Alle Zutaten verkneten, sodass ein gut formbarer Teig entsteht.
2. Den Teig auf einer bemehlten Unterlage ausrollen. Mit einem Messer in Rauten schneiden.
3. Die Kekse auf ein mit Backpapier ausgelegtes Backblech geben und bei 180 Grad 20 bis 30 Minuten backen.
4. Die Rauten nach dem Auskühlen auseinanderbrechen.

Vor dem Verfüttern einen Tag luftig trocknen lassen.

Zutaten:
100 g Vollkornhaferflocken
100 g Vollkornmehl
120 g Apfelmus

Knoblauchdrops

Zubereitung:

1. Die Knoblauchzehen schälen und sehr klein hacken (nicht mit der Knoblauchpresse zerdrücken). Die Möhren fein raspeln.
2. Knoblauch und Möhren mit Haferkleie, geriebenen Brötchen und Gemüsesaft in einer großen Schüssel vermengen. Eventuell noch etwas Gemüsesaft oder Wasser zufügen, wenn der Teig zu trocken ist. Ist der Teig zu weich, einige Haferflocken zufügen.
3. Den Teig zu etwa 3 Zentimeter großen Kugeln formen.
4. Die Kugeln auf ein mit Backpapier ausgelegtes Backblech geben und bei 100 Grad 30 bis 40 Minuten backen.

Zutaten:
10 Knoblauchzehen
300 g Möhren
100 g Haferkleie
100 g geriebene trockene Brötchen
100 ml Gemüsesaft

Knoblauch hilft bei regelmäßiger Gabe gegen Fliegen und unterstützt eine gute Durchblutung.

Haltbarkeit: drei bis vier Tage

Johannisbeerstangen

Zubereitung:

1. Die Johannisbeeren mit einer Gabel zu einem Brei verarbeiten.
2. Mit allen Zutaten und so viel Traubensaft vermischen, dass eine zähe Masse entsteht.
3. Den Teig zu fingerdicken, 5 Zentimeter langen Stangen formen. Die Stangen auf ein mit Backpapier ausgelegtes Backblech geben und bei 180 Grad etwa 25 Minuten backen.

Die Leckerli noch einige Tage trocknen lassen und erst im harten Zustand verfüttern.

Zutaten:
250 g Johannisbeeren
(frisch oder TK)
200 g Weizenkleie
250 g Vollkornmehl
2 TL Backpulver
5 EL Honig
etwas Traubensaft

Sommernachtstraum-kekse

Zubereitung:

1. Vollkornmehl, Weizenkleie und Traubenzucker gut vermischen.
2. Die Äpfel fein reiben, die Erdbeeren mit einer Gabel zerdrücken. Den Kamillentee zufügen.
3. Alle Zutaten unter die Mehl-Kleie-Mischung rühren und gut zu einem mittelfesten Teig verkneten.
4. Den Teig auf einer bemehlten Arbeitsfläche zu einer etwa 5 Zentimeter dicken Rolle formen. Die Rolle in 1 Zentimeter dicke Scheiben schneiden.
5. Die Scheiben auf ein mit Backpapier ausgelegtes Backblech geben und bei 120 Grad 60 Minuten backen.

Die Sommernachtstraumkekse erst im erkalteten, harten Zustand verfüttern.

Zutaten:
200 g Vollkornmehl
100 g Weizenkleie
100 g Traubenzucker
3 große Äpfel
1 Handvoll Erdbeeren
30 g Kamillenteepulver
100 ml Sonnenblumenöl

Johannisbeerstangen

Kräutergenuss für **Vierbeiner**

Die natürlichen Inhaltsstoffe in vielen Kräutern sind sehr wertvoll für die Gesunderhaltung der Pferde. Das wussten schon die Reiter und Pferdepfleger vor Hunderten von Jahren und fütterten ihren Pferden zusätzlich zum Hauptfutter eine auserlesene Mischung aus verschiedenen Kräutern.

Pferde sind auch heutzutage noch perfekte Kräutersammler. Auf einer artenreichen Kräuterwiese finden sie instinktiv diejenigen Gewächse, die ihnen guttun. Da unsere Weiden leider nur noch selten diese Vielfalt bieten, ist es umso wichtiger, für eine gezielte Ergänzung des Futters zu sorgen.

Die meisten Kräuter können frisch oder getrocknet verfüttert werden. Zum Trocknen hängt man die Kräuter zu einem Strauß gebunden an einem luftigen Ort auf. Getrocknete Kräuter sollten lichtgeschützt sowie trocken und kühl gelagert werden, damit ihre wertvollen Inhaltsstoffe optimal erhalten bleiben. In einer kleinen Papiertüte sind getrocknete Kräuter gut aufgehoben.

Eine Gabe von Kräutern zu einem bestimmten gesundheitlichen Zweck sollte kurmäßig über drei bis vier Wochen erfolgen. Die Kräuter können über das Futter gegeben oder zum Beispiel in den folgenden Rezepten verarbeitet werden. Kräuter ersetzen vor allem bei akuten Erkrankungen nicht die Behandlung durch einen Tierarzt!

Informieren Sie sich über die verschiedenen Wirkungen von Kräutern und stellen Sie beim Sammeln von Kräutern sicher, dass nicht für Pferde unbekömmliche oder giftige Pflanzen dabei sind. Literaturtipps hierzu finden Sie auf Seite 127.

Außerdem ist zu beachten, dass manche Kräuter als Dopingmittel gelten. Falls Ihr Pferd im Turniersport eingesetzt wird, sollten Sie sich zum Beispiel bei Ihrem Tierarzt erkundigen, welche Kräuter auch während der Turniersaison bedenkenlos gegeben werden können. Bei der Deutschen Reiterlichen Vereinigung (FN) und der Internationalen Reiterlichen Vereinigung (FEI) gibt es Listen der nicht dopingrelevanten Substanzen sowie der Karenzzeiten, die vor einem Turnierstart einzuhalten sind.

Kleine Kräuterkunde

Anis
Anis gilt als schleimlösendes und auswurfförderndes Mittel. Anis findet sich deshalb häufig in Hustentee und Hustenmitteln. Weiterhin ist es bekannt für seine krampflösende und verdauungsfördernde Wirkung. In der Volksheilkunde zählt Anis weiterhin zu den Heilpflanzen, die die Milchsekretion fördern können.

Baldrian
Baldrian hat eine beruhigende Wirkung und wird häufig bei nervösen Erregungszuständen eingesetzt. Zugleich verhilft er energielosen Pferden zu neuem Lebensmut. Pferde im Turniereinsatz dürfen keinen Baldrian bekommen, da er als Dopingmittel gilt.

Basilikum
Basilikum hat allgemein beruhigende Eigenschaften. Weiterhin wirkt Basilikum unterstützend positiv bei Verdauungsstörungen und zum Beispiel auch bei Koliken.

Birke
Die Blätter der Birke wirken harntreibend und blutreinigend.

Brennnessel
Die Brennnessel stimuliert die Verdauungsdrüsen und hat zudem eine milchtreibende, blutzuckersenkende, entgiftende und stoffwechselanregende Wirkung. Sie reinigt den ganzen Organismus von Schlackenstoffen und entgiftet. Der Brennnessel wird auch eine haarwuchsfördernde Wirkung nachgesagt.

Eukalyptus
Die geschnittenen, getrockneten Blätter der Eukalyptuspflanze wirken sich positiv bei akutem und chronischem Husten und Verschleimungen der Atemwege aus.

Fenchel
Fenchel löst Krämpfe und festsitzende Blähungen und fördert die Schleimlösung bei Bronchitis. Die ätherischen Öle sind entzündungshemmend und harntreibend.

Kamillenblüten
Die Inhaltsstoffe der Kamille wirken entzündungshemmend, krampflösend, fiebersenkend und antiseptisch. Bei Entzündungen und Wunden haben sich Spülungen mit Kamillenwasser sehr bewährt.

Kümmel
Das ätherische Kümmelöl fördert die Verdauung, wirkt krampflösend und regt die Milchbildung bei Stuten an.

Lavendel
Lavendelblüten helfen gut bei Unruhezuständen.

Löwenzahn
So wie viele Frühlingskräuter hat auch der Löwenzahn eine ausgeprägte blutreinigende Kraft, regt sämtliche Verdauungsorgane sowie Nieren und Blase an. Löwenzahl hilft bei chronischen Gelenkerkrankungen, Hautleiden und Rheuma.

Majoran
Majoran wirkt krampflösend auf den Verdauungstrakt.

Melissenblätter
Traditionell wird Melisse zur Linderung von Unruheständen und Verdauungsbeschwerden eingesetzt.

Pfefferminze
Die Pfefferminze wirkt sehr krampflösend, entzündungshemmend, keimtötend und regt die Darmschleimhäute an.

Salbei

Salbei hat eine antibakterielle und allgemein desinfizierende Wirkung. Er kann unterstützend bei Husten helfen, ist schleimlösend und fördert den Auswurf. Salbei kann außerdem dazu beitragen, dass Stress besser ertragen wird.

Spitzwegerich

Spitzwegerich ist ein erfolgreiches Hustenmittel gegen zähen Bronchialkatarrh und bei starker Verschleimung.

Thymian

Thymian stärkt den Kreislauf insgesamt und enthält sehr viele ätherische Öle. Die Pflanze wirkt außerdem desinfizierend bei Bronchitis und lindert Verdauungsstörungen.

Kräuterlinge

Zubereitung:

1. Alle Zutaten vermischen und gut durchkneten.
2. Den Teig zu einer langen, fingerdicken Rolle formen und in 2 Zentimeter lange Stücke schneiden.
3. Die Leckerli auf ein mit Backpapier ausgelegtes Backblech geben und bei 120 bis 150 Grad circa 30 Minuten backen.

Vor dem Verfüttern einige Tage trocknen lassen.

Tipp

Bewährte Hustenkräuter sind zum Beispiel Anis, Eukalyptus, Salbei und Spitzwegerich. Sie ersetzen jedoch nicht die Behandlung durch den Tierarzt!

Zutaten:
225 g Zuckerrübensirup
200 g Vollkornmehl
100 g Vollkornhafer-flocken
100 g Hustenkräuter
(z. B. Pferde-Kräuter-müsli)

Wellnesskräuterbrocken

Zubereitung:

1. Alle Zutaten zu einem festen Teig verkneten.
2. Mit zwei Teelöffeln kleine Teigbrocken auf ein mit Back-papier ausgelegtes Backblech setzen. Die Leckerli bei 180 Grad etwa 20 Minuten backen.

Nach dem Backen bei Raumtemperatur weitere zwei bis drei Tage durchtrocknen lassen.

Zutaten:
125 g Vollkornhafer-flocken
100 g Vollkornmehl
5 EL Honig
75 ml Sonnenblumenöl
5 g roter Sonnenhut
5 g Johanniskraut
5 g Mistel
5 g Weißdorn
5 g Kamille

Wellnesskräuterbrocken

Kräuterbonbons

Zubereitung:
1. Wasser, Tee und Salz verrühren. So viel Mehl hinzufügen, dass ein fester Brei entsteht.
2. Den Teig in kleinen Häufchen auf ein mit Backpapier
   ausgelegtes Backblech geben. Bei 200 Grad
   20 Minuten backen.

**Die Leckerli luftig lagern und
erst nach zwei Tagen verfüttern.**

Zutaten:
100 ml Wasser
Inhalt von sechs
Kräuterteebeuteln
(z. B. 2× Kamille,
2× Pfefferminz,
2× Kräutermischung)
1 kleine Prise Salz
100 g Vollkornmehl

Fruchtige Kräuterli

Zubereitung:
1. Die Kräuterbonbons im warmen Wasser auflösen.
2. Die Möhren und Äpfel beziehungsweise Birnen
   raspeln, gegebenenfalls die Bananen schälen und
   mit einer Gabel zerdrücken.
3. Die Haferflocken, die Weizenkleie und das geraspelte
   Obst und Gemüse gut vermengen.
4. Das Kräuterbonbonwasser dazugeben und alle
   Zutaten gründlich zu einem Teig kneten. Falls der Teig
   zu fest wird, etwas Wasser dazugeben; ist er zu weich,
   etwas Weizenkleie untermischen.
5. Den Teig 30 bis 45 Minuten ruhen lassen, damit
   die Weizenkleie quellen kann.
6. Mit zwei Esslöffeln aus dem Teig Taler formen.
   Die Taler auf ein mit Backpapier ausgelegtes
   Backblech legen und bei 175 Grad 60 bis 90 Minuten
   backen, bis die Leckerli hart geworden sind.
   Zwischendurch wenden.

**Die Leckerli luftig lagern und
erst nach zwei Tagen verfüttern.**

Zutaten:
20 Kräuterbonbons
500 ml warmes Wasser
3 große Möhren
3 Äpfel, Birnen oder
Bananen
500 g Vollkornhafer-
flocken
250 g Weizenkleie

Kräuterhappen

Zubereitung:

1. Alle Zutaten zu einem festen Brei verrühren.
2. Den Teig in kleinen Häufchen auf ein mit Backpapier ausgelegtes Backblech geben. Bei 200 Grad 20 Minuten backen.

Die Leckerli luftig lagern und erst nach zwei Tagen verfüttern.

Zutaten:
ca. 150 g Vollkornmehl
1 Prise Salz
2 EL Brötchenkrümel
3 EL Maismehl
½ geraspelte Möhre
Inhalt eines Kamillentee-beutels
Inhalt eines Pfefferminz-teebeutels
1 Schuss Obstessig
7 EL Vollkornhaferflocken
2 EL Leinsamen
1 TL gemahlene Mandeln
1 EL Sesam
20 g Hafer
200 ml Wasser

Hafer-Minz-Grütze

Zubereitung:

1. Die Möhren fein raspeln und mit Hafer, Haferflocken und Traubenzucker vermischen.
2. Nach und nach den Tee zufügen, bis eine breiige Masse entstanden ist.
3. Die frische Pfefferminze untermischen.
4. Die Grütze sofort verfüttern.

Der Tee kann nach Belieben warm oder kalt verwendet werden.

Zutaten:
1 kg Möhren
200 g gequetschte Haferkörner
100 g Vollkornhafer-flocken
100 g Traubenzucker
1 l Pfefferminztee
100 g frische Pfeffer-minze, gehackt

Anis-Apfel-Kekse

Zubereitung:
1. Die Äpfel entkernen, schälen und reiben.
2. Alle Zutaten gut vermischen und zu flachen Plätzchen formen.
3. Die Plätzchen auf ein gefettetes Backblech legen. Bei 180 Grad circa 20 Minuten backen.

Die Leckerli luftig lagern und erst nach zwei Tagen verfüttern!

Zutaten:
2 Äpfel	100 g Zucker
250 g Dinkelflocken	2 TL Backpulver
60 g Vollkornhaferflocken	1 EL Anis
100 g Vollkornmehl	60 ml Sonnenblumenöl

Johlisse-Bällchen

Zubereitung:
1. Die Äpfel ungeschält reiben und mit der Kleie, den Kräutern, dem Leinsamenöl, dem geschroteten Leinsamen und dem Melissentee in einer großen Schüssel gut vermischen. Ist der Brei zu fest (er sollte gut formbar sein), kann er mit Melissentee verdünnt werden. Ist er zu dünn geworden, werden ein paar Haferflocken zugegeben.
2. Aus dem Teig pflaumendicke Bällchen formen.
3. Die Bällchen auf einem mit Backpapier ausgelegten Blech verteilen und bei 130 Grad circa 45 Minuten backen.

Haltbarkeit: drei bis vier Tage

Zutaten:
3 große Äpfel
100 g Weizenkleie
50 g Johanniskraut
50 g Melissenkraut
4 EL Leinsamenöl
30 g geschroteter Leinsamen
75 ml Melissentee

Brennnessel-Leckerchen

Zubereitung:
1. Die Brennnesselblätter mit einer Schere klein schneiden. Die Äpfel reiben.
2. Das Vollkornmehl, die Haferflocken, das Wasser, den Honig und die geriebenen Äpfel in einer großen Schüssel verrühren. Die gehackten Brennnesselblätter unterheben.
3. Aus dem cremigen Teig kleine Haufen auf ein mit Backpapier ausgelegtes Backblech setzen und bei 180 Grad etwa 45 Minuten backen.

Zutaten:
15 g getrocknete oder
30 g frische Brennnesseln
3 Äpfel
250 g Vollkornmehl
250 g Vollkornhaferflocken
300 ml Wasser
3 EL Honig

Hustenkräuter-Leckerli

Zubereitung:
1. Die Kräuterbonbons im Wasser auflösen.
2. Die Möhren raspeln, die Bananen schälen und mit einer Gabel zerdrücken.
3. Möhren und Bananen mit den Haferflocken und der Weizenkleie gut vermengen.
4. Das Kräuterbonbonwasser dazugeben und die Masse gründlich zu einem Teig verkneten. Ist er zu fest, wird Wasser dazugegeben; ist er zu weich, wird Weizenkleie untergemischt.
5. Den Teig 30 bis 45 Minuten ruhen lassen, damit die Weizenkleie quellen kann.
6. Mit zwei Esslöffeln Taler formen und auf ein mit Backpapier ausgelegtes Bachblech legen. Die Taler bei 175 Grad 60 bis 90 Minuten backen, bis die Leckerli hart geworden sind. Zwischendurch wenden.

Zutaten:
20 Kräuterbonbons
ca. ½ l warmes Wasser
3 Möhren
3 Bananen
500 g Vollkornhafer-
flocken
200–250 g Weizenkleie

Melissinis

Zubereitung:

1. Vollkornmehl, Weizenkleie und Haferflocken
   in eine große Schüssel geben und vermengen.
2. Die Pfefferminze und die Melisse zerbröseln
   und hinzufügen.
3. Den Honig leicht erwärmen, bis er flüssig wird.
4. In die Zutaten in der Schüssel eine Mulde drücken,
   den Honig hineingießen und den Teig mit einem Löffel
   von innen nach außen langsam vermischen. Der Teig
   ist richtig, wenn er nicht mehr auseinanderfällt.
5. Aus dem Teig Kugeln mit 2 Zentimeter Durchmesser
   formen, flach drücken und auf ein mit Backpapier ausgelegtes Backblech legen. Die Leckerli bei 180 Grad
   15 bis 20 Minuten backen, bis sie braun werden.
6. Ein Leckerli zur Probe aus dem Ofen nehmen,
   kurz auskühlen lassen. Wenn es hart wird, sind die
   Melissinis fertig.

**An einem kühlen, trockenen Ort flach ausgebreitet
trocknen lassen und erst am nächsten Tag verfüttern.**

Haltbarkeit: drei bis fünf Tage

Zutaten:
150 g Vollkornmehl
100 g geschrotete
Weizenkleie
200 g Vollkornhafer-
flocken
50 g getrocknete
Pfefferminze
50 g getrocknete
Melisse
200–250 g Honig

Malzkräuterhappen

Zubereitung:

1. Mehl, Haferkleie, Leinsamen und Traubenzucker mit
   dem Malzbier zu einem sämigen Teig verrühren.
2. Die Kräutermischung unterheben.
3. Den Teig häufchenweise mit zwei Teelöffeln auf ein
   mit Backpapier ausgelegtes Backblech setzen.
4. Bei 150 Grad circa 30 Minuten backen.

Haltbarkeit:
im Kühlschrank
vier Tage

Tipp

Gut für Haut und Hufe.
Die Kräutermischung
kann in der Apotheke
zusammengestellt
werden.

Zutaten:
200 g Vollkornmehl
100 g geschrotete
Haferkleie
100 g geschrotete
Leinsamen
100 g Traubenzucker
200 ml Malzbier
800 g Kräutermischung
(z. B. Klettenwurzel,
Teufelskrall, Stief-
mütterchen, Walnuss-
blätter, Zinnkraut)

Kräuteroblatenleckerli

Zubereitung:
1. Alle Zutaten in eine Schüssel geben und zu einem festen Brei mischen.
2. Ein Backblech mit Backpapier auslegen, die Oblaten darauf verteilen.
3. Die Teigmasse mit zwei Teelöffeln auf die Oblaten setzen. Bei 180 Grad circa 30 Minuten backen, bis die Leckerli hart sind.

Zutaten:
6 EL Vollkornmehl
1 Prise Salz
125 ml Apfelsaft
10 Beutel Kräutertee
25–30 Oblaten

Vollkornkräuterbomben

Zubereitung:
1. Alle Zutaten in eine Schüssel geben und zu einem festen Teig verkneten.
2. Aus dem Teig walnussgroße Kugeln formen.
3. Die Kugeln auf ein mit Backpapier ausgelegtes Backblech geben und bei 180 Grad etwa 20 Minuten backen.

Nach dem Backen bei Raumluft zwei bis drei Tage durchtrocknen lassen.

Zutaten:
125 g Vollkornhaferflocken
100 g Vollkornmehl
5 EL Honig
75 ml Distelöl
20 g Kräuterteemischung

Luftige Kräuter

Zubereitung:

1. Die Möhren und den Apfel fein reiben.
2. Mit den restlichen Zutaten zu einem festen Teig verarbeiten. Ist der Teig zu fest, kann vorsichtig etwas Wasser zugegeben werden.
3. Den Teig zu kirschgroßen Kugeln formen.
4. Die Kugeln auf ein mit Backpapier ausgelegtes Backblech geben und bei 180 Grad etwa 20 Minuten backen.

Vor dem Verfüttern einige Tage durchtrocknen lassen.

Zutaten:
2 Möhren
1 großen Apfel
500 g Vollkornhaferflocken
100 g Maisflocken
300 g Vollkornmehl
5 EL Honig
1 Pck. Backpulver
15 ml Sonnenblumenöl
3 Pfefferminzteebeutel

Salbeileckerli

Zubereitung:

1. Die Salbeibonbons im Wasser auflösen.
2. Die Möhren fein reiben.
3. Die Bananen schälen und mit einer Gabel zerdrücken.
4. Möhren und Bananen mit der Haferkleie, den Haferflocken und dem Sesam vermischen. Das Salbeibonbonwasser zufügen und die Masse sofort zu einem Teig verrühren. Gegebenenfalls den Teig mit etwas Wasser flüssiger oder mit Haferflocken oder Kleie fester machen.
5. Den Teig 45 Minuten ruhen lassen, damit die Haferkleie quellen kann.
6. Aus dem Teig mit zwei Teelöffeln Taler formen.
7. Die Taler auf ein mit Backpapier ausgelegtes Backblech geben und bei 175 Grad 60 bis 90 Minuten backen, bis die Leckerli hart geworden sind. Während des Backens ab und zu wenden.

Die Leckerli nur vollkommen durchgetrocknet verfüttern.

Zutaten:
20 Salbeibonbons
ca. 500 ml warmes Wasser
3 große Möhren
3 große Bananen
250 g Haferkleie
500 g Vollkornhaferflocken
1 EL Sesam

Schönheitswunder

Zubereitung:
1. Bierhefe, Mehl, Traubenzucker und Sechskorn-
   mischung mit dem Kräutertee in eine große Schüssel
   geben und zu einem sämigen Brei verarbeiten.
2. Die Kräutermischung unterheben.
3. Mit einem Esslöffel Teighäufchen auf ein mit Backpapier ausgelegtes Backblech setzen. Bei 150 Grad
   30 bis 40 Minuten backen.

Haltbarkeit: drei bis vier Tage

**Ihren Namen verdanken diese Leckerli vor allem der
Bierhefe. Sie regt die Zellerneuerung der Haut an und
bewirkt so einen natürlichen Glanz des Fells.
Auch der Fellwechsel, das Hufwachstum sowie der
Aufbau der Knochenstruktur werden durch Bierhefe
angeregt.**

Zutaten:
200 g Bierhefe
200 g Vollkornmehl
100 g Traubenzucker
100 g Sechskorn-
mischung
200 ml Kräutertee
800 g Kräutermischung
(aus der Apotheke,
zum Beispiel Zinnkraut,
Teufelskralle, Stief-
mütterchen, Walnuss-
blätter, Kamille)

Thymianbricks

Zubereitung:

1. Die Äpfel entkernen, schälen und reiben, die Möhren schälen und reiben.
2. Äpfel und Möhren mit den Haferflocken und der Haferkleie in eine Schüssel geben und zu einem formbaren Teig verarbeiten.
3. Den Rohrzucker und den Thymian dazugeben und den Teig nochmals gut durchkneten.
4. Aus dem Teig daumendicke, 4 bis 5 Zentimeter lange Röllchen formen und auf ein mit Backpapier ausgelegtes Backblech legen. Bei 125 Grad 60 Minuten backen. Dann die Röllchen wenden und nochmals 10 Minuten weiterbacken.

Die Leckerli luftig lagern und erst nach zwei Tagen verfüttern.

Zutaten:
4 Äpfel
2 Möhren
300 g Vollkornhaferflocken
50 g Haferkleie
1 EL brauner Rohrzucker
2 EL Thymian

Melissenkugeln

Zubereitung:

1. Die Äpfel fein reiben und mit der Kleie, den Leinsamen, dem Melissenkraut, dem Melissentee und dem Leinsamenöl in eine große Schüssel geben und gut verrühren. Der Teig sollte gut formbar sein – gegebenenfalls mit etwas Tee verdünnen oder mit Haferflocken andicken.
2. Aus dem Teig walnussgroße Kugeln formen.
3. Die Kugeln auf ein mit Backpapier ausgelegtes Backblech geben und bei 130 Grad etwa 45 Minuten backen.

Melisse stärkt das Nervenkostüm sensibler Pferde.

Haltbarkeit: vier Tage

Zutaten:
3 große Äpfel
100 g Haferkleie
30 g geschroteter Leinsamen
100 g Melissenkraut
75 ml Melissentee
4 EL Leinsamenöl

Thymianbricks

Kräutertaler

Zubereitung:

1. Die Äpfel raspeln und mit den restlichen Zutaten gut vermischen.
2. Den Teig in kleinen Häufchen auf ein mit Backpapier ausgelegtes Backblech setzen. Die Kräutertaler bei 180 Grad 20 bis 30 Minuten backen.

Tipp

Die Kräutertaler eignen sich besonders gut für Fohlen. Alternativ zu Anis oder Kümmel kann auch ein ätherisches Öl genommen werden, zum Beispiel Pfefferminze, Eukalyptus oder Salbei. So werden die Kräutertaler zu Hustentalern.

Zutaten:
2 Äpfel
100 g brauner Zucker
100 g Vollkornmehl
100 g Vollkornhaferflocken
100 g Mais- oder Dinkelflocken
75 ml Distelöl
2 TL Backpulver
1 EL Anis oder Kümmel

Baldrian-Lavendel-Ecken

Zubereitung:

1. Die Margarine zusammen mit dem Traubenzucker in einer beschichteten Pfanne schmelzen.
2. Die flüssige Masse zu der Weizenkleie und den Kräutern in eine Schüssel geben.
3. Sonnenblumenkerne und Sesam zufügen und die Mischung zu einem gut knetbaren Teig verarbeiten.
4. Den Teig etwa 1 Zentimeter dick auf ein mit Backpapier ausgelegtes Backblech streichen und in 5 Zentimeter große Quadrate schneiden. Bei 180 Grad circa 30 Minuten backen.
5. Nach dem Abkühlen die Quadrate diagonal durchschneiden, sodass sich Dreiecke ergeben.

Haltbarkeit: drei bis vier Tage

Zutaten:
200 g Margarine
100 g Traubenzucker
100 g Weizenkleie
50 g Baldriankräuter
50 g Lavendelkräuter
10 g Sonnenblumenkerne
5 g Sesam

Tipp

Die richtige Belohnung zur Nervenstärkung für nervöse Pferde.

Kräutertaler

Eukalyptusröllchen

Zubereitung:

1. Die Eukalyptusbonbons im Wasser auflösen.
2. Die Möhren fein reiben.
3. Die Bananen schälen und mit einer Gabel zerdrücken.
4. Möhren und Bananen mit der Haferkleie und den Vollkornhaferflocken vermischen.
5. Das Eukalyptusbonbonwasser zufügen und die Masse sofort zu einem Teig verrühren. Gegebenenfalls den Teig mit etwas Wasser flüssiger oder mit Haferflocken fester machen.
6. Den Teig 45 Minuten ruhen lassen, damit die Haferkleie quellen kann.
7. Aus dem Teig fingerdicke, 4 bis 5 Zentimeter lange Röllchen formen.
8. Die Röllchen auf ein mit Backpapier ausgelegtes Backblech geben und bei 175 Grad 60 bis 90 Minuten backen, bis die Leckerli hart geworden sind. Während des Backens die Röllchen ab und zu wenden.

Nur vollkommen durchgetrocknete Röllchen verfüttern.

Die Leckerli sind wohltuend bei Husten und nasskaltem Wetter.

Zutaten:
20 Eukalyptusbonbons
ca. 500 ml warmes Wasser
3 große Möhren
3 große Bananen
200 g Haferkleie
500 g Vollkornhafer-
flocken

Kümmel-Frucht-Kekse

Zubereitung:

1. Die Bananen schälen und mit einer Gabel zerdrücken,
   die Möhren raspeln.
2. Die Weizenkleie, die Haferflocken, den Traubenzucker,
   den Zuckerrübensirup oder Honig und so viel Milch zu
   den Leinsamen geben, bis ein zäher Brei entsteht.
3. Bananen, Möhren und Kümmel unter den Brei mischen
   und den Teig gut durchkneten.
4. Den Teig zu einer 5 Zentimeter dicken Rolle formen
   und mit einem Messer 2 Zentimeter dicke Scheiben
   abschneiden.
5. Die Scheiben auf ein mit Backpapier ausgelegtes
   Backblech legen und bei 200 Grad etwa 90 Minuten
   backen, bis die Leckerli schön braun sind.
   Je nach Flüssigkeit des Teiges kann die Backzeit
   etwas variieren.

**Die Kekse vor dem Verfüttern zwei Tage
durchtrocknen lassen.**

Kümmel fördert die Verdauung und wirkt krampflösend.

Zutaten:
3 Bananen
4 Möhren
100 g Weizenkleie
500 g Vollkornhafer-
flocken
3 EL Traubenzucker
100 g Zuckerrübensirup
oder Honig
250 ml fettarme Milch
80 g gequetschter
Leinsamen
20 g gemahlener
Kümmel

Kamillenhappen

Zubereitung:

1. Vollkornmehl, Weizenkleie und Haferflocken in eine große Schüssel geben. Die Kamillenblüten hinzufügen.
2. Zuckerrübensirup oder Honig leicht erhitzen, bis er flüssig wird.
3. In der Schüssel eine Mulde formen und den Sirup oder Honig hineingeben.
4. Den Teig mit einem Löffel von innen nach außen langsam vermengen. Der Teig ist genau richtig, wenn er nicht mehr auseinanderfällt.
5. Aus dem Teig 2 Zentimeter große Kugeln formen, die Kugeln flach drücken und auf ein mit Backpapier ausgelegtes Backblech legen. Die Leckerli bei 180 Grad 15 bis 20 Minuten backen.
6. Sobald die Leckerli braun werden, eines probeweise herausnehmen, kurz auskühlen lassen und prüfen, ob es hart wird. Wenn nicht, noch ein paar Minuten weiterbacken.

Die Kamillenhappen an einem kühlen, trockenen Ort flach ausgebreitet trocknen lassen und erst einen Tag nach dem Backen verfüttern.

Zutaten:
150 g Vollkornmehl
100 g geschrotete Weizenkleie
200 g Vollkornhaferflocken
50 g frische oder getrocknete Kamillenblüten
200–250 g Zuckerrübensirup oder Honig

Anisplätzchen

Zubereitung:

1. Die Äpfel entkernen, schälen und reiben.
2. Alle Zutaten in einer großen Schüssel vermischen.
3. Den Teig zu walnussgroßen Kugeln formen.
4. Die Kugeln auf ein mit Backpapier ausgelegtes Backblech legen und bei 180 Grad 35 bis 45 Minuten backen.
5. Die Leckerli sind fertig, wenn sie schön goldbraun und nicht mehr weich sind.

Vor dem Verfüttern einen Tag trocknen lassen.

Haltbarkeit: etwa eine Woche

Zutaten:
2 Äpfel
125 g Vollkornhaferflocken
100 g Vollkornmehl
3 EL Honig
2 TL Backpulver
1 EL Anis

Kamillenhappen

Mash, Brei und Co. – vielseitig, lecker und leicht verdaulich

Eine gute Abwechslung zum Futter stellen verschiedene Mash-Kombinationen sowie Breie dar. Verwöhnen Sie Ihren Vierbeiner mit den im Folgenden vorgestellten Rezepten – Sie werden auf Begeisterung stoßen!

Mash ist aber nicht nur eine begehrte Leckerei, sondern kann auch von gesundheitlichem Nutzen sein. So empfiehlt es sich bei kolikanfälligen Pferden beziehungsweise generell bei Darmproblemen als spezielles Diätfutter und als warme Mahlzeit für Ihr Pferd im Winter.

Der hohe Rohfasergehalt der Kleie im Mash regt die Darmtätigkeit an. Kleie ist außerdem sehr vitamin- und mineralstoffreich. Leinsamen zeichnet sich unter anderem durch seinen hohen Gehalt an Vitamin C, die wertvollen Schleimstoffe und Fettsäuren aus, die den Fell- und Hautstoffwechsel unterstützen. Insbesondere im Fellwechsel empfiehlt es sich, Leinsamen zu füttern. Seine Schleimstoffe legen sich außerdem als schützende Schicht über die Magen- und Darmwand und verhindern dadurch Reizungen.

Nicht zuletzt eignet sich Mash gut dafür, dem Pferd nicht so wohlschmeckende Substanzen wie zum Beispiel Medikamente oder Flohsamen unterzuschmuggeln. Die Medikamente sollten aber erst nach dem Kochen in die abgekühlte Masse gegeben werden, da sie sehr hitzeempfindlich sind.

Bei der Fütterung von Mash sind einige Punkte zu beachten:

- Mash sollte lauwarm gefüttert werden, keinesfalls darf es zu heiß sein. Rühren Sie die Mahlzeit vor dem Verfüttern gründlich durch – in der Mitte kann das Futter noch heiß sein, auch wenn es außen schon abgekühlt ist.

- Um ein zu schnelles Abkühlen bei kalten Außentemperaturen zu verhindern, kann für die Quellphase ein Deckel aufgelegt werden.

- Lassen Sie das Mash ausreichend quellen. Eine Quelldauer von etwa 30 Minuten sollte eingehalten werden. Verwenden Sie so viel Wasser, dass sich ein flüssiger Brei ergibt. Nur dann kann das Mash richtig quellen.

- Fügen Sie dem Mash keine harten Zutaten wie zum Beispiel Maiskörner bei. Viele Pferde lieben es, das Mash einfach zu schlürfen, ohne zu kauen.
- Bei gesunden Pferden ist eine Zufütterung von Mash ein- bis zweimal in der Woche problemlos möglich. Häufiger sollten Sie es nicht anbieten, da der hohe Kleieanteil sonst zu einer gefährlichen Phosphatüberversorgung führen kann.

- Achten Sie bei selbst gemachtem Mash darauf, dass der verwendete Leinsamen ausreichend gekocht wird, also die Schleimstoffe freigesetzt werden. Bei Fertigmischungen bitte die Angaben des Herstellers beachten.

- Hitzeempfindliche Zutaten wie Obst und Gemüse sowie Kräutermischungen werden erst kurz vor dem Verfüttern untergerührt.

Mash – das Grundrezept

Zubereitung:

1. Die Leinsamen in einen Kochtopf geben, mit 1 Liter kochendem Wasser übergießen und 1 Stunde quellen lassen. Dann die Leinsamen aufkochen und unter Rühren 10 Minuten kochen lassen.
2. Die Kleie, den Hafer und die Maisflocken in eine Schüssel geben und gut vermischen.
3. Den heißen Leinsamen über das Kleiegemisch in eine große Schüssel geben und gut verrühren.
4. Das Mash mit 2 Liter kochendem Wasser übergießen und etwa 30 Minuten quellen lassen.
5. Das Mash eine halbe Stunde ziehen lassen.

Zutaten:
100 g Leinsamen
3 l Wasser
200 g Weizenkleie
200 g gequetschter Hafer
100 g Maisflocken

Mash-Variationen

Diese Variationen eignen sich für bestimmte Situationen oder bei einer Unterstützung der Genesung von verschiedenen Krankheiten besonders gut. Die Zubereitung erfolgt jeweils so wie beim Grundrezept (siehe Seite 75) beschrieben.

Bronchialmash

Zutaten:
200 g Weizenkleie
200 g Haferschrot
100 g Sonnenblumenkerne
100 g Leinsamen
80 g Kräutermischung
1 l Wasser

Beruhigungsmash

Zutaten:
200 g Weizenkleie
200 g Haferschrot
300 g zerdrückte Bananen
100 g Leinsamen
50 g Mineralfutter
1 l Wasser

Fitmachermash

Das richtige Mash fürs Pferd vor und nach großer Anstrengung.

Zutaten:
100 g Leinsamen
200 g gequetschter Hafer
200 g Weizenkleie
2 EL Lebertran
1 l Wasser

Tassenmash für glänzendes Aussehen

Zutaten:
1 Tasse gekochter Leinsamen
2 Tassen Weizenkleie
2 Tassen gequetschter Hafer
1 EL Sonnenblumenöl
1 EL Honig

Möhrenmash

Zutaten:
200 g Weizenkleie
200 g Haferschrot
500 g geraspelte Möhren
100 g Leinsamen
1 EL Traubenzucker
1 l Wasser

Apfel-Hafer-Mash

Zutaten:
200 g Hafer
200 g Weizenkleie
200 g geraspelte Äpfel
100 g Leinsamen
1 l Wasser

Pfefferminzmash

Zutaten:
150 g Weizenkleie
150 g gequetschter Hafer
50 g Haferschrot
50 g Leinsamen
50 g Maisflocken
50 g Mineralfutter
80 g getrocknete Pfefferminze
1 l Wasser

Das richtige Mash bei Verdauungsbeschwerden und Blähungen.

Rote-Bete-Mash

Zutaten:
200 g Weizenkleie
200 g Hafer
50 g Maisflocken
100 g Leinsamen
250 g geraspelte Rote Bete
50 g Traubenzucker
1 l Wasser

Himbeermash

Zutaten:
250 g Hafer
200 g Weizenkleie
250 g geraspelte Äpfel
150 g Himbeeren (zu Brei gestampft)
100 g Leinsamen
1 l Wasser

Süße-Träume-Mash

Zutaten:
200 g Weizenkleie
200 g Haferschrot
100 g Leinsamen
50 g Traubenzucker
50 g Sonnenblumenkerne
25 g Anis
1 l Wasser

Gesund-und-fit-Mash

Zutaten:
100 g Leinsamen
200 g gequetschter Hafer
200 g Haferkleie
1 TL Salz
4 Rote Bete, geraspelt
2 EL Lebertran
4 EL Honig

Aufbaumash

Zutaten:
100 g Leinsamen
200 g Weizenkleie
200 g gequetschter Hafer
5 Möhren, geraspelt
2 Äpfel, geraspelt
2 Bananen, gemust
1 TL Obstessig
2 TL Blütenhonig

Besonders vor und nach schwerer körperlicher Belastung ist dieses Mash eine Wohltat fürs Pferd.

Rote-Bete-Mash

Hexenkräutermash

Zubereitung:
1. Die Zuckerrübenschnitzel mindestens 12 Stunden in Wasser einweichen.
2. Die eingeweichten Rübenschnitzel mit dem Mais, dem Hafer und dem Weizenschrot in eine Schüssel geben und mit kochendem Wasser übergießen. Mindestens 30 Minuten quellen lassen. Lauwarm abkühlen lassen, währenddessen ab und zu umrühren.
3. Die Kräuter untermischen und noch lauwarm verfüttern.

Zutaten:
200 g Zuckerrüben-schnitzel
100 g geschroteter Mais
150 g Hafer
150 g Weizenschrot
1 l kochendes Wasser
20 g Brennnesselblätter
10 g Spitzwegerich
10 g Isländisch Moos

Fenchelknollenbrei

Zubereitung:
1. Die Fenchelknollen schälen und in circa 1 Zentimeter große Stücke schneiden.
2. Die Möhren und das harte Brötchen reiben und mit der Weizenkleie und dem Möhrensaft zu einer festen Masse verrühren.
3. Die Fenchelknollenstückchen darin wälzen.
4. Sofort verfüttern.

Zutaten:
2 Fenchelknollen
5 große Möhren
1 trockenes Brötchen
50 g Weizenkleie
75 ml Möhren- oder Gemüsesaft

Tipp

Das Rezept kann auch mit Apfelstückchen zubereitet werden, falls das Pferd keinen Fenchel mag. Fenchel wirkt krampflösend bei Magen- und Darmproblemen, fördert die Schleimlösung bei Husten und eignet sich hervorragend zur Unterstützung der Wundheilung.

Hexenkräutermash

Seniorenbrei

Zubereitung:

1. Die Bananen schälen und mit einer Gabel zerdrücken.
2. Die Äpfel fein reiben und mit den Bananen zu einem Brei verrühren.
3. Leinsamen, Weizenkleie, Haferflocken, Nüsse und Traubenzucker untermengen.
4. Honig oder Zuckerrübensirup zufügen, alles gut vermischen.
5. Den Brei in einer großen Schüssel sofort servieren.

Haltbarkeit: ein Tag

Tipp

Dieser Brei eignet sich gut
für alte Pferde mit schlechtem Appetit.

Zutaten:
4–5 große gut durchge-
reifte Bananen
2–3 große Äpfel
100 g geschroteter
Leinsamen
100 g Weizenkleie
100 g Vollkornhafer-
flocken
100 g Nüsse
(z. B. gehackte Hasel-
nüsse oder Mandeln)
50 g Traubenzucker
100 g Honig oder
Zuckerrübensirup

Bananenbrei für Fohlen

Zubereitung:

1. Die Bananen schälen und mit einer Gabel zerdrücken.
2. Die Hirse und die Rosinen unter die Bananen mischen, den Traubenzucker hinzugeben.
3. Die Mischung gut durchmengen und mit dem Früchtetee zu einem dünnen Brei verrühren.
4. Sofort verfüttern.

Tipp

Eine Leckerei für Fohlen,
die aufbauend und kräftigend wirkt.

Zutaten:
5 Bananen
230 g Hirse
50 g Rosinen,
ungeschwefelt
100 g Traubenzucker
oder Honig
150 ml Früchtetee

Bananenbrei für Fohlen

Multivitaminorangen

Zubereitung:
1. Die Orangen schälen und in Stücke zerteilen.
2. Die übrigen Zutaten in eine Schüssel geben und zu einer dickflüssigen Soße verrühren. Falls nötig, kann die Multivitaminsaftmenge erhöht werden.
3. Zum Schluss die Orangenstücke unterheben.
4. Die Mischung sofort verfüttern.

Zutaten:
2 Orangen
200 g Weizenkeime
200 ml Multivitaminsaft
50 g geschroteter Leinsamen
50 g Vollkornhaferflocken
50 g Traubenzucker

Flohsamenbrei

Zubereitung:
1. Das Apfelmus, die Flohsamen, die Kleie, die Rosinen und das Distelöl in eine Schüssel geben und gut vermischen.
2. Die Masse mit dem Kamillentee so verdünnen, dass ein mittelfester Brei entsteht. Falls die Masse zu flüssig geworden ist, können ein paar Haferflocken eingerührt werden.
3. Den Brei sofort verfüttern.

Der Brei ist gut für die Darmflora nach Koliken, da die Flohsamen restliche Schadstoffe aus dem Darm transportieren.

Zutaten:
500 g ungezuckertes Apfelmus (oder geriebene Äpfel)
30 g Flohsamen
100 g Weizenkleie
50 g Rosinen
200 ml Distelöl
150 ml Kamillentee

Hirsebrei mit Äpfeln und Trauben

Zubereitung:
1. Die Äpfel fein reiben und mit der Hirse, den Trauben und den Rosinen verrühren.
2. Den Traubenzucker untermischen.
3. Die Mischung mit dem Apfelsaft zu einem dünnen Brei verrühren.
4. Sofort verfüttern.

Zutaten:
3 Äpfel
300 g Hirse
1 Handvoll Trauben
50 g ungeschwefelte Rosinen
100 g Traubenzucker
150 ml Apfelsaft

Früchtebrei mit Rosinen

Zubereitung:

1. Das Apfelmus, die Kleie, die Rosinen und das Leinöl in eine Schüssel geben und gut vermischen.
2. Die Masse mit dem Früchtetee so verdünnen, dass ein mittelfester Brei entsteht. Falls die Masse zu flüssig geworden ist, können ein paar Haferflocken eingerührt werden.
3. Den Brei sofort verfüttern.

Tipp

Dieser Brei eignet sich sehr gut zum Einmischen von Medikamenten. Am besten gibt man dem Pferd zuerst ein wenig Brei ohne zugesetzte Medikamente zum Kosten. Wenn es auf den Geschmack gekommen ist, kann in den Rest die Medizin eingerührt werden.

Zutaten:
500 g ungezuckertes Apfelmus
100 g Haferkleie
50 g Rosinen
200 ml Leinöl
100 ml Früchtetee

Kräuter-Bananen-Brei

Zubereitung:

1. Die Bananen und den Apfel schälen, klein schneiden und mit den Bananenchips, dem Traubenzucker und dem Getreide in einer großen Schüssel vermischen.
2. Den Inhalt von drei Teebeuteln dazugeben und nochmals gut durchrühren.
3. Den vierten Teebeutel mit dem kochenden Wasser aufgießen und 10 Minuten ziehen lassen.
4. Den Tee über die Zutaten geben und gut durchrühren.
5. Den Brei am selben Tag verfüttern.

Zutaten:
2 Bananen
1 Apfel
1 Handvoll Bananen-chips
2 EL Traubenzucker
100 g Haferkleie
100 g Vollkornhafer-flocken
4 Beutel Kräutertee
ca. 200 ml kochendes Wasser

Joghurt mit Honig und Weizenkleie

Zubereitung:
1. Alle Zutaten in eine große Schüssel geben und gut vermischen.
2. Den Joghurt noch am selben Tag verfüttern.

Zutaten:
500 g fettarmer Naturjoghurt
5 EL Honig
200 g Weizenkleie
50 g geschroteter Leinsamen

Joghurt – eine willkommene Abwechslung

Joghurt ist ein vielseitig einsetzbares Zusatzfutter. Besonders ältere Pferde profitieren von Joghurt als gesundem Ergänzungsfutter zur Unterstützung der Darmtätigkeit. Aber auch bei jungen oder kolikanfälligen Pferden kann Joghurt mit großem Nutzen eingesetzt werden.
Wählen Sie für die Pferdefütterung ausschließlich fettarmen Naturjoghurt oder Quark ohne jegliche Zusatzstoffe oder Geschmacksrichtungen wie zum Beispiel Erdbeere oder Kirsche. Die angereicherten Joghurts enthalten sehr viel Zucker. Joghurt oder Quark sollte grundsätzlich möglichst direkt nach der Zubereitung, auf jeden Fall noch am gleichen Tag, verfüttert werden.

Joghurtmüsli mit Apfelstückchen

Zubereitung:
1. Die Äpfel in kleine Stücke schneiden und mit dem Naturjoghurt und den Haferflocken gut vermischen.
2. Das Joghurtmüsli noch am selben Tag verfüttern.

Zutaten:
2 Äpfel
500 g fettarmer Naturjoghurt
250 g Vollkornhaferflocken

Joghurtmüsli mit Apfelstückchen

Vitaminjoghurt

Zubereitung:

1. Die Bananen schälen und in einer großen Schüssel mit einer Gabel zerdrücken.
2. Die Hälfte der Möhren und Äpfel in kleine Stücke schneiden, die andere Hälfte fein reiben.
3. Alle Zutaten zu den Bananen in die Schüssel geben und gut vermengen. Sollte der Brei zu flüssig sein, können Haferflocken untergemischt werden. Sollte er zu fest sein, kann ein Schuss Möhrensaft oder Apfelsaft dazugegeben werden.
4. Sofort verfüttern.

Zutaten:
3 Bananen
3 Möhren
5 Äpfel
300 g Vollkornhaferflocken
1 EL Traubenzucker
5 EL Zuckerrübensirup
500 g fettarmer Naturjoghurt
1 Handvoll gequetschter Leinsamen
eventuell Vollkornhaferflocken zum Andicken

Heidelbeerdessert

Zubereitung:
1. Joghurt, Zuckerrübensirup, Haferkleie und Leinsamen in einer Futterschüssel gut verrühren.
2. Die Heidelbeeren unterheben.
3. Sofort verfüttern.

Zutaten:
500 g fettarmer Naturjoghurt
5 EL Zuckerrübensirup
200 g Haferkleie
100 g geschroteter Leinsamen
1 Handvoll Heidelbeeren (frisch oder TK)

Winterlicher Apfel-Zimt-Joghurt

Zubereitung:
1. Den Joghurt mit dem Zimt in eine Futterschüssel geben und gut verrühren.
2. Die Äpfel in Stücke schneiden.
3. Alle Zutaten zum Joghurt geben und vermischen.
4. Sofort verfüttern.

Zutaten:
500 g fettarmer Naturjoghurt
1½ TL Zimt
5 große Äpfel
50 g gequetschter Leinsamen
50 g Vollkornhafer-flocken

Für das Gourmetpferd –
frisches Grün und frische Früchte

Vitaminreiche Blätter, Gemüse, Obst und Blüten stehen ganz weit oben auf der Beliebtheitsskala vieler Pferde. Sie schmecken nicht nur, sondern sind auch richtig gesund.

Frische Blätter von Obstgehölzen wie Himbeeren und Brombeeren, aber auch Brennnesseln, Birkenblätter, Gänseblümchen, Löwenzahn und Hagebutten sind reich an Vitaminen und Mineralstoffen. Sie können dem Pferd frisch oder im getrockneten Zustand angeboten werden.

Die meisten Zutaten für die Herstellung leckerer Salate können vom Pferdebesitzer in der freien Natur schnell selbst gesammelt werden. Natürlich sollte darauf geachtet werden, dass nicht in unmittelbarer Nähe der Sammelstellen frisch gedüngt oder gespritzt wurde. Auch an viel befahrenen Straßen sollte man keine Blätter und Früchte sammeln.

Wie bei den Kräutern gilt: Sammeln Sie nur diejenigen Pflanzen, die Sie kennen und einwandfrei als für Pferde geeignet identifizieren.

Hagebutten-Brennnessel-Salat

Zubereitung:
1. Die Äpfel in Spalten schneiden.
2. Alle Zutaten in einer großen Schüssel gut vermischen.
3. Den Salat frisch verfüttern.

Tipp

Frische Hagebutten sind sehr reich an Vitamin C und stärken deshalb die Abwehrkräfte.

Zutaten:
4 Äpfel
120 g frische Hagebutten
100 g Brennnesselblätter
100 g geschrotete Weizenkleie
100 g Hafer- oder Dinkelflocken
30 g Sonnenblumen-kerne
150 ml Früchtetee

Vitaminreicher Waldbuchensalat

Zubereitung:
1. Die Buchen- und Löwenzahnblätter vor der Zubereitung gut waschen und anschließend trocknen lassen.
2. Die Möhren reiben und mit den Blättern vermengen.
3. Traubenzucker, Öl, Dinkelflocken, Haferflocken und Haselnüsse in einer großen Schüssel mit dem Brennnesseltee vermengen und unter die Blätter-Möhren-Mischung geben.
4. Den Salat frisch verfüttern.

Zutaten:
50 g frisch gesammelte Buchenblätter
50 g Löwenzahnblätter mit Blüten
3 Möhren
1 EL Traubenzucker
50 ml Sonnenblumenöl
100 g Dinkelflocken
25 g Vollkornhafer-flocken
25 g Haselnüsse
75 ml Brennnesseltee

Vitaminreicher Waldbuchensalat

Blütenpotpourri

Zubereitung:
1. Die Birkenblätter in eine Schüssel geben und mit dem Tee mischen.
2. Die Blüten mit den Sonnenblumenkernen vermengen und zu den Birkenblättern geben.
3. Das Blütenpotpourri frisch verfüttern.

Das Rezept kann abgewandelt werden, indem zwei bis drei Blütenarten weggelassen werden. Dann die Menge der übrigen Blüten entsprechend anpassen.

Zutaten:
50 g junge Birkenblätter
75 ml Kamillen- oder Früchtetee
20 Löwenzahnblüten
20 Gänseblümchen-blüten
20 Rosenblüten
20 Holunderblüten
20 g Gänsefingerkraut
30 g Sonnenblumen-kerne

Melonen-Löwenzahn-Traum

Zubereitung:
1. Die Banane schälen.
2. Die Melone und die Banane in Stücke schneiden und mit den Haferflocken und Hagebutten mischen.
3. Die Löwenzahnblätter und -blüten in eine große Schale geben und das Melonen-Bananen-Gemisch darübergeben.
4. Sofort verfüttern.

Zutaten:
1 Banane
¼ Wassermelone ohne Schale
1 Handvoll Vollkornhaferflocken
1 Handvoll getrocknete Hagebutten
200 g Löwenzahnblätter und -blüten

Apfelstücke auf Orangen-Honig-Scheiben

Zubereitung:
1. Die Orangen schälen und in Scheiben schneiden.
2. Die Äpfel vierteln.
3. Die Orangenscheiben in eine Schale legen und mit dem Honig beträufeln.
4. Die Haferflocken mit dem Leinsamen und den Apfelvierteln mischen und über die Honigorangen geben.
5. Sofort verfüttern.

Orangen niemals mit Schale verfüttern!

Zutaten:
2 Orangen
2 Äpfel
3 EL Honig
100 g Vollkornhaferflocken
100 g geschroteter Leinsamen

Pferdiger Salat

Zubereitung:
1. Apfel und Rote Bete fein hacken und in eine Schüssel geben.
2. Hafer und Honig dazugeben und gut vermischen.

Tipp

Dieses Rezept kann man nach Belieben variieren und das individuelle Lieblingsobst oder -gemüse des Pferdes hinzugeben.

Zutaten:
1 Apfel
1 Rote Bete
100 g Hafer
3 EL Honig

Vitaminbombe

Zubereitung:
1. Die Bananen schälen.
2. Bananen und Rote Beten in kleine Würfel schneiden und in eine Futterschüssel geben.
3. Weizenkleie, Haferflocken und Leinsamen untermischen.
4. Mit dem Apfelsaft zu einem Brei verrühren.
5. Sofort verfüttern.

Zutaten:
3 Bananen
5 Rote Beten
100 g geschrotete Weizenkleie
100 g Vollkornhafer- flocken
50 g geschroteter Leinsamen
150 ml Apfelsaft

Fenchel-Möhren-Salat

Zubereitung:
1. Die Fenchelknollen in große Würfel schneiden, die Möhren reiben.
2. Die Möhren mit den Haferflocken, der Weizenkleie und dem Möhrensaft zu einer mittelfesten Masse verrühren.
3. Die Fenchelwürfel in der Masse wälzen.
4. Sofort verfüttern.

Zutaten:
2 Fenchelknollen
4 Möhren
50 g Vollkornhafer- flocken
50 g Weizenkleie
75 ml Möhrensaft

Äpfel in Anisrosinen

Zubereitung:
1. Die Äpfel reiben.
2. Die geriebenen Äpfel, das Apfelmus, die Weizenkleie, die Rosinen und den Anis mit dem Distelöl mischen.
3. Die Masse mit dem Apfelsaft verdünnen, sodass ein mittelfester Brei entsteht.
4. Sofort verfüttern.

Zutaten:
4 Äpfel
250 g ungezuckertes Apfelmus
100 g Weizenkleie
50 g Rosinen
1 EL Anis
250 g Distelöl
150 ml Apfelsaft

Lindenblütensalat

Zubereitung:
1. Brennnesselblätter, Lindenblüten, Löwenzahnblüten und Rosenblüten in einer großen Schüssel vermischen.
2. Die Sonnenblumenkerne überstreuen.
3. Den Tee zugeben, alles durchrühren und sofort verfüttern.

Haltbarkeit: am selben Tag verfüttern!

Zutaten:
200 g frische Brennnesselblätter
50 g Lindenblüten
50 g Löwenzahnblüten
50 g Rosenblüten
100 g Sonnenblumenkerne
150 ml abgekühlter Lindenblüten- oder Kamillentee

Erfrischender Fruchtsalat

Zubereitung:
1. Die Banane schälen und würfeln, die Äpfel würfeln.
2. Bananen und Äpfel mit den weiteren Zutaten in eine Futterschüssel geben und gut vermischen.
3. Den Obstsalat am gleichen Tag verfüttern.

Zutaten:
1 Banane
2 Äpfel
3 EL Honig
1 Handvoll Weintrauben
20 g Sonnenblumenkerne
20 g gequetschter Leinsamen

Rote-Bete-Salat

Zubereitung:
1. Die Löwenzahnblätter in einer Futterschüssel auslegen.
2. Die Rote Bete in dicke Scheiben schneiden und gleichmäßig auf den Löwenzahnblättern verteilen.
3. Mit den Löwenzahnblüten und dem Basilikum garnieren.
4. Den Salat sofort servieren.

Zutaten:
2 Handvoll Löwenzahnblätter
2 Rote Bete
1 Handvoll Löwenzahnblüten
2 TL getrocknetes Basilikum

Pfefferminz-Obstsalat

Zubereitung:

1. Die Äpfel und Möhren in kleine Stücke schneiden. Zusammen mit der Haferkleie, den Leinsamen und den Haferflocken in eine Schüssel geben.
2. Die Pfefferminzteebeutel aufschneiden und unterrühren.
3. Die Brennnesselblätter ebenfalls untermischen.
4. Den Tee zugeben, alles durchrühren und sofort verfüttern.

Zutaten:
3 große Äpfel
5 Möhren
50 g Haferkleie
30 g Leinsamen
50 g Vollkornhafer-
flocken
3 Teebeutel Pfefferminz-
tee oder 10 g loser Tee
1 Handvoll frische
Brennnesselblätter
200 ml abgekühlter
Pfefferminztee

Knackiger Mischsalat

Zubereitung:

1. Die Möhren und Äpfel reiben, zusammen mit den anderen Zutaten in eine Futterschüssel geben und gründlich verrühren.
2. Sofort verfüttern.

Zutaten:
5 Möhren
5 Äpfel
2 Handvoll Hafer oder
Kräutermüsli
5 Handvoll Grünfutter
100 g Zuckerrübensirup

Tipp

Als Grünfutter eignen sich zum Beispiel Löwenzahnblätter oder frisch gepflücktes Wiesengras.

Pfefferminz-Obstsalat

Apfel-Knoblauch-Müsli

Zubereitung:
1. Die Äpfel und Möhren würfeln.
2. Die Bananen schälen und in Stücke schneiden.
3. Die Knoblauchzehen schälen und fein hacken (nicht pressen!).
4. Obst, Möhren und Knoblauch in eine Futterschüssel geben und gut mischen.
5. Den Honig und die Haferflocken unterheben.
6. Sofort verfüttern.

Zutaten:
5 Äpfel
2 Möhren
2 Bananen
6 Knoblauchzehen
100 g Honig
250 g Vollkornhaferflocken

Süßer Früchtetraum

Zubereitung:
1. Die Banane schälen.
2. Das Obst in kleine Stücke schneiden.
3. Alle Zutaten in eine Futterschüssel geben und gut vermengen.
4. Sofort verfüttern.

Zutaten:
1 Banane
1 Apfel
1 Handvoll Weintrauben
¼ Wassermelone
50 g Honig
50 g geschroteter Leinsamen
200 g gequetschter Hafer

Tipp

Der Honig kann auch weggelassen werden.

Gib-mir-Kraft-Salat

Zubereitung:
1. Die Buchenblätter und den Löwenzahn abspülen und abtrocknen.
2. Die Äpfel reiben und mit den Blättern vermischen.
3. Die restlichen Zutaten in eine Futterschüssel geben und gut vermischen.
4. Die Buchenblättermischung zugeben und unterrühren.
5. Sofort verfüttern.

Tipp

Buchenblätter wirken lindernd bei Zahnschmerzen, Fieber, Darmbeschwerden, bakteriellen Erkrankungen und Husten. Bei Hauterkrankungen, Wunden und Geschwüren haben sich Buchenblätter in äußerlicher Anwendung bewährt. Hierzu die frischen Blätter auf die Stellen auflegen. Genau der richtige Salat für Pferde, die große Anstrengungen hinter sich haben.

Zutaten:
50 g Buchenblätter
50 g Löwenzahnblätter und -blüten
3 Äpfel
100 g Vollkornhaferflocken
50 g Sonnenblumenkerne
2 EL Traubenzucker
50 ml Früchtetee oder Fruchtsaft
20 ml Distelöl

Backe, backe Brot und Müsliriegel

Brötchen oder Brote selbst zu backen ist gar nicht schwer und nicht so zeitaufwendig, wie viele denken. Anstatt Ihrem Pferd alte Reste gekaufter Brote zu füttern, werden Sie doch einfach selbst zum Bäcker und zaubern Ihrem Pferd gesunde, ballaststoff- und vitaminreiche Brötchen. Selbst gebackene Brote oder Brötchen sind frei von künstlichen Zusätzen und im frischen Zustand für Zweibeiner äußerst köstlich! Vor dem Verfüttern ans Pferd müssen alle Brötchen oder Brote gut durchgetrocknet sein.

Krustenbrötchen

Zubereitung:

1. Alle Zutaten zu einem glatten Teig verkneten und zu einem runden Laib formen.
2. Den Teig circa 10 Minuten zugedeckt an einem warmen Ort ruhen lassen.
3. Den Teig flach drücken und in acht Stücke teilen.
4. Jeweils zwei flache Stücke gut bemehlen und aufeinanderlegen. Zusammenrollen, sodass unten noch ein offener Schlitz bleibt. Diese Seite auf ein bemehltes Küchentuch legen und zugedeckt 1 Stunde gehen lassen.
5. Den Backofen auf 220 Grad vorheizen und eine Fettpfanne mit Wasser in den Ofen schieben.
6. Die Teigstücke mit der geschlitzten Seite nach oben auf ein mit Backpapier ausgelegtes Backblech legen.
7. Die Brötchen circa 30 Minuten backen. Nach 10 Minuten Backzeit die Temperatur auf 200 Grad verringern.

Zutaten:
600 g Vollkornmehl
1 Würfel Hefe
200 g Wasser
200 g Milch
15 g Salz
10 g Butter
2 EL Kartoffelpüree-pulver

Kerniges Knäckebrot

Zubereitung:

1. Alle Zutaten in eine Schüssel geben und vermischen.
2. Den Teig dünn auf ein mit Backpapier ausgelegtes Backblech streichen.
3. Bei 170 Grad zunächst circa 15 Minuten backen. Dann das Knäckebrot auf die gewünschte Größe schneiden und weitere 45 Minuten backen.

Das fertige Brot noch zwei Tage gut durchtrocknen lassen.

Zutaten:
120 g Vollkornmehl
120 g Vollkornhafer-flocken
100 g Sonnenblumen-kerne
100 g Leinsamen
½ TL Salz
2 EL Olivenöl
500 ml Wasser

Tipp

Dieses Knäckebrot schmeckt nicht nur dem Pferd sehr gut. Zum Frühstück oder Abend herzhaft belegt ist es der ideale Snack. Bei trockener Aufbewahrung ist das Knäckebrot sehr lange haltbar.

Kerniges Knäckebrot

Kräuterbrötchen

Zubereitung:

1. Vollkornmehl und Hefe mischen, Salz und Zucker zufügen.
2. Wasser, Leinsamen und Kräuter zugeben und einen Teig kneten.
3. Den Teig circa 10 Minuten an einem warmen Ort gehen lassen.
4. Nochmals kneten und zu etwa 20 Teigbällen formen.
5. Die Brötchen auf ein mit Backpapier ausgelegtes Backblech setzen und erneut 20 Minuten gehen lassen.
6. Das Eigelb mit etwas Wasser verquirlen, die Brötchen damit einpinseln.
7. Die Brötchen bei 200 Grad etwa 40 Minuten auf mittlerer Schiene backen.

Zutaten:
600 g Vollkornmehl
2 Pck. Trockenhefe
1 TL Salz
1 Prise Zucker
350 ml warmes Wasser
5 EL Leinsamen
1 TL Schnittlauch
1 TL Basilikum
2 TL Thymian
1 TL Majoran
1 Eigelb

Tipp

Zum Sonntagsfrühstück schmecken diese Brötchen jedem Reiter.

Die Kräuter können nach Belieben variiert werden.

© tierfotoagentur.de/S. Starick

Gesundes Schwarzbrot

Zubereitung:
1. Alle Zutaten in einer großen Schüssel gründlich vermischen.
2. Zwei Kastenformen mit Backpapier auslegen.
3. Den Teig halbieren und je eine Hälfte in jede Kastenform füllen.
4. Das Brot bei 180 Grad circa 80 Minuten backen. Im Ofen auskühlen lassen.

Tipp
Für das Pferd das Brot in dicke Scheiben schneiden und luftig trocknen lassen.

Zutaten:
500 g geschroteter Weizen
500 g geschroteter Roggen
1 kg Magerquark
5 EL Leinsamen
5 EL Sesam
4 EL Sonnenblumen-kerne
5 EL Kürbiskerne
4 Pck. Backpulver
2 EL Zuckerrübensirup
1 EL Honig
1 Prise Salz
4 Eier

Bauernbrot

Zubereitung:
1. Die Hefe in einer Tasse mit etwas lauwarmem Wasser auflösen.
2. Das Mehl in eine Schüssel geben, die Hefeflüssigkeit zufügen und untermischen.
3. Salz und das restliche Wasser zufügen und den Teig fest durcharbeiten, bis er sich vom Rand der Schüssel löst.
4. Den Teig mit einem Küchentuch abdecken und an einem warmen Ort 1 Stunde gehen lassen.
5. Den Teig nochmals gut durchkneten, zu einem Laib formen und wiederum 20 Minuten ruhen lassen.
6. Das Brot auf ein gefettetes Backblech legen, die Oberfläche mit einem Messer mehrmals einritzen. Bei 220 Grad circa 60 Minuten backen.

Zutaten:
1 Würfel Hefe
500 ml lauwarmes Wasser
500 g Dinkelmehl
500 g Vollkornmehl
1 EL Salz

Tipp
Soll das Brot fürs Pferd getrocknet werden, nach dem Auskühlen in 5 Zentimeter dicke Scheiben schneiden. Die Scheiben noch-mals in leckerligroße Stücke trennen und an einem warmen, luftigen Ort durchtrocknen.

Kümmelbrötchen

Zubereitung:

1. Das Mehl in eine große Schüssel geben.
   Die Hefe zufügen und gut vermischen.
2. Den Zucker und eine Tasse Milch darübergießen
   und circa 15 Minuten gehen lassen.
3. Die restlichen Zutaten in die Schüssel geben und alles
   gut verkneten, bis sich der Teig vom Schüsselrand
   löst.
4. Die Schüssel mit einem Küchentuch abdecken und
   den Teig circa 30 Minuten gehen lassen, bis sich sein
   Volumen verdoppelt hat.
5. Den Teig mit bemehlten Händen durchkneten.
6. Kleine Brötchen formen und auf ein gefettetes Backblech setzen. Nochmals 25 Minuten gehen lassen.
7. Die Brötchen mit Wasser bestreichen, kreuzweise
   einschneiden und mit dem ganzen Kümmel bestreuen.
   Bei 225 Grad etwa 25 Minuten backen.

Zutaten:
500 g Vollkornmehl
1½ Pck. Trockenhefe
1½ TL Zucker
250 ml lauwarme Milch
½ TL Kardamom
1 TL Salz
4 TL Kümmelpulver
Kümmel im Ganzen zum
Bestreuen

Bananenriegel

Zubereitung:

1. Getreide, Haselnüsse und Leinsamen in einer Pfanne ohne Fett rösten. In eine große Schüssel geben und auskühlen lassen.
2. Den Honig unterrühren.
3. Die Zitronen- und Orangenschalen abreiben, den Saft ausdrücken.
4. Die Banane schälen und klein schneiden, den Apfel reiben.
5. Die vorbereiteten Zutaten zur Getreidemischung geben und unterrühren.
6. Das Eiweiß steif schlagen und unter die Mischung rühren.
7. Die Masse auf ein mit Backpapier ausgelegtes Backblech streichen. Bei 180 Grad etwa 25 Minuten backen.
8. Etwas auskühlen lassen, dann in die gewünschte Riegelform schneiden.

Diese Müsliriegel für Pferd und Reiter sind drei bis vier Tage haltbar.

Zutaten:
300 g Getreideflocken
(5-Korn-Mischung)
100 g Haselnüsse
100 g geschroteter
Leinsamen
170 g Honig
1 unbehandelte Orange
½ unbehandelte Zitrone
1 Banane
1 Apfel
2 Eiweiß

Vollkornbrot

Zubereitung:
1. Die Hefe in das lauwarme Wasser bröckeln.
2. Die restlichen Zutaten zufügen und zu einem Teig verkneten. Den Teig 30 Minuten ruhen lassen.
3. Den Teig in eine Brotform geben und im nicht vorgeheizten Backofen bei 200 Grad circa 60 Minuten backen.

Tipp

Soll das Brot fürs Pferd getrocknet werden, nach dem Auskühlen in 5 Zentimeter dicke Scheiben schneiden. Die Scheiben nochmals in leckerligroße Stücke trennen und an einem warmen, luftigen Ort durchtrocknen.

Zutaten:
1 Würfel Hefe	50 g Sesamkörner
450 ml lauwarmes Wasser	50 g Leinsamen
500 g Vollkornmehl	2 TL Salz
50 g Sonnenblumenkerne	2 EL Obstessig

Apfelriegel

Zubereitung:
1. Die Haferflocken mit der Milch zu einem zähen Brei verrühren.
2. Die Äpfel und Möhren raspeln und mit den restlichen Zutaten unter die Haferflockenmischung rühren.
3. Den Teig auf ein gefettetes Backblech streichen und bei 180 Grad etwa 90 Minuten backen, bis er braun und hart ist.
4. Nach dem Auskühlen in Streifen schneiden und noch zwei Tage durchtrocknen lassen.

Zutaten:
500 g Vollkornhaferflocken
1 EL Milch
2 mittelgroße Äpfel
3 Möhren
Mark von 1 Vanilleschote
1 EL Honig
3 EL Zuckerrübensirup

Tipp

Diese Müsliriegel schmecken auch dem Reiter.

Kokosriegel

Zubereitung:

1. Haferflocken, Mandeln, Sonnenblumenkerne, Kokosraspeln und Rosinen vermischen.
2. Die Butter in einem Topf schmelzen. Zucker, Honig und Zitronensaft zufügen.
3. Die Mischung unter stetigem Rühren zum Kochen bringen und 3 bis 4 Minuten kochen lassen, bis die Masse karamellisiert. Die übrigen Zutaten gründlich untermischen.
4. Die Masse auf ein mit Backpapier ausgelegtes Backblech streichen und bei 180 Grad etwa 25 Minuten backen.
5. Nach dem Auskühlen in die gewünschte Riegelform schneiden.

Haltbarkeit: drei bis vier Tage

Zutaten:
150 g Vollkornhaferflocken
50 g gehackte Mandeln
30 g Sonnenblumenkerne
25 g Kokosraspeln
40 g Rosinen
25 g Butter
50 g brauner Zucker
50 g Honig
½ TL Zitronensaft

Tipp

Beide Riegel schmecken Pferd und Reiter gleichermaßen!

Honigriegel

Zubereitung:

1. Butter, Zucker und Honig in einem Topf schmelzen. Den Zitronensaft, die Haferflocken, Haselnüsse und Sonnenblumenkerne untermischen.
2. Trockenobst und Rosinen würfeln und unter die Masse heben.
3. Den Teig auf ein mit Backpapier ausgelegtes Backblech streichen und bei 150 Grad 10 bis 15 Minuten backen.
4. Nach dem Abkühlen in die gewünschte Riegelform schneiden.

Haltbarkeit: drei bis vier Tage

Zutaten:
30 g Butter
30 g brauner Zucker
100 g Honig
1 Spritzer Zitronensaft
150 g Vollkornhaferflocken
25 g gehackte Haselnüsse
25 g Sonnenblumenkerne
30 g Backpflaumen
30 g getrocknete Aprikosen
30 g getrocknete Cranberrys
30 g Rosinen

Energieriegel

Zubereitung:

1. Die Margarine bei mittlerer Hitze in einer Pfanne schmelzen und den Traubenzucker hinzufügen.
2. Die restlichen Zutaten in eine Schüssel geben und vermischen.
3. Die flüssige Margarine-Traubenzucker-Mischung nach und nach zufügen und unterrühren.
4. Die Masse auf ein mit Backpapier ausgelegtes Backblech streichen und bei 160 Grad etwa 20 Minuten backen.
5. Nach dem Auskühlen in die gewünschte Riegelform schneiden.

Haltbarkeit: drei bis vier Tage

Tipp

Diese leckeren Müsliriegel schmecken nicht nur Ihrem Pferd! Sie sind besonders als Energieschub vor körperlicher Anstrengung geeignet.

Zutaten:
200 g Margarine
400 g Traubenzucker
100 g Sonnenblumenkerne
100 g Weizenkleie
50 g gemahlene Haselnüsse
50 g Vollkornhaferflocken
3 EL geschroteter Leinsamen

Aprikosen-Pflaumen-Riegel

Zubereitung:

1. Die Hälfte der Nüsse und Mandeln mahlen, die zweite Hälfte grob hacken.
2. Die Trockenfrüchte würfeln.
3. Nüsse und Trockenfrüchte mit Zimt, Haferflocken und Mehl mischen.
4. Die Eier mit dem Zucker cremig rühren, den Zuckerrübensirup unterrühren.
5. Alle Zutaten vermengen und die Masse auf ein mit Backpapier ausgelegtes Backblech streichen. Bei 180 Grad etwa 25 Minuten backen.
6. Etwas auskühlen lassen, dann in die gewünschte Riegelform schneiden.

Zutaten:
150 g Haselnüsse
100 g Mandeln
85 g Sultaninen oder ungeschwefelte Rosinen
65 g getrocknete Aprikosen
75 g Backpflaumen
½ TL Zimt
100 g Vollkornhaferflocken
80 g Vollkornmehl
2 Eier
50 g brauner Rohrzucker
125 g Zuckerrübensirup

Energieriegel

Koch- und Backecke für Kinder

Dieses Kapitel widme ich meiner Tochter Greta, die für ihr Leben gern auf der Küchenarbeitsplatte sitzt und mit Leib und Seele den Kochlöffel schwingt, um für unser Pferd leckere Belohnungen zu zaubern.

Es macht einfach Spaß, die Zutaten zu rühren und zu kneten, einen Teig zu formen und Plätzchen auszustechen. Und das Beste: Nicht nur der Vierbeiner im Stall darf sich freuen, sondern auch als kleine Nascherei für Kinder sind die meisten der folgenden Rezepte bestens geeignet.

Wichtig ist, dass beim Zubereiten und Backen immer ein Erwachsener dabei ist. Denn Vorsicht: Messer können sehr scharf sein und Backbleche sehr heiß!

Bevor du mit dem Backen beginnst, lies dir bitte das Rezept durch und stell alle benötigten Zutaten auf der Arbeitsplatte bereit. Was du beim Backen brauchst, ist immer ein bisschen Zeit und eine Schürze. Es sieht nämlich nicht sehr lustig aus, wenn dein schönes Shirt voller Zuckerrübensirup und Haferflocken ist. Mama und Papa helfen dir bestimmt beim Abwiegen und Abmessen der Zutaten und dabei, den Blick auf die Uhr für die richtige Backzeit nicht zu vergessen.

Sei besonders vorsichtig, wenn du mit dem Messer arbeitest, und nimm immer ein Schneidbrett als Unterlage. Das Hineinschieben von Blechen in den heißen Backofen solltest du lieber den Erwachsenen überlassen, damit du dich nicht verbrennst.

Und nun viel Spaß beim Backen der Leckereien für deinen Liebling!

Happy-Horse-Kekse

Zubereitung:
1. Die Banane schälen.
2. Die Äpfel schälen.
3. Die Banane mit einer Gabel gut zerdrücken.
4. Die Äpfel reiben.
5. Beides gut mit dem Zucker mischen.
6. Leinsamen, Haferkleie, Dinkelflocken und Vollkorn-haferflocken nach und nach dazugeben, bis ein schwerer Teig entsteht.
7. Den Teig zu walnussgroßen Kugeln formen.
8. Ein Backblech mit Backpapier auslegen.
9. Die Kugeln auf das Backblech legen.
10. Bei 100 Grad etwa 30 Minuten backen.

Zutaten:
1 Banane
2 Äpfel
90 g brauner Zucker
50 g geschroteter Leinsamen
100 g Haferkleie
50 g Dinkelflocken
50 g Vollkornhafer-flocken

Glückskugeln

Zubereitung:
1. Die Äpfel mit der Schale fein reiben.
2. Die Pflaumen entkernen und ganz klein würfeln.
3. Alle restlichen Zutaten nacheinander zugeben, bis ein gut formbarer Teig entsteht. Wird der Teig zu fest, etwas Apfelsaft hinzugeben, wird er zu flüssig, etwas Mehl zufügen.
4. Aus dem Teig walnussgroße Kugeln formen.
5. Ein Backblech mit Backpapier auslegen.
6. Die Kugeln auf das Backblech legen.
7. Die Kugeln bei 130 Grad etwa 45 Minuten backen.

Vor dem Verfüttern gut durchtrocknen lassen.

Zutaten:
2 Äpfel
3 Pflaumen
150 ml Apfelsaft
200 g kernige Vollkorn-haferflocken
50 g Dinkelmehl
6 EL geschroteter Leinsamen
1 Handvoll Dinkelflocken

Versteckte Möhre

Zubereitung:
1. Die Möhre mit dem Honig bestreichen.
2. In den Haferflocken wälzen.
3. Sofort verfüttern.

Zutaten:
1 große Möhre
Honig
Vollkornhaferflocken

Happy-Horse-Kekse

Herzkracher

Zubereitung:
1. Die Bananenchips in eine Gefriertüte füllen und mit dem Fleischklopfer zerkleinern.
2. Alle Zutaten in einer Schüssel zu einem festen Teig verarbeiten. Sollte der Teig zu fest sein, etwas Wasser oder Fruchtsaft zugeben. Sollte der Teig zu flüssig sein, kann etwas Mehl zugefügt werden.
3. Den Teig auf einer bemehlten Unterlage ausrollen.
4. Mit einer Ausstechform (Herz) zu Plätzchen ausstechen.
5. Ein Backblech mit Backpapier auslegen.
6. Die Herzen dicht zusammen auf das Backblech legen.
7. Die Herzen bei 170 Grad (Umluft) circa 20 Minuten backen.

Zutaten:
2 Handvoll Bananenchips
200 g Dinkelmehl
150 g Vollkornhaferflocken
225 g Honig

Süße Apfelscheiben

Zubereitung:

1. Den Zucker auf einem Backblech dünn ausstreuen.
2. Die Äpfel in dünne Scheiben schneiden.
3. Die Apfelscheiben auf dem Backblech auslegen.
4. Bei 100 Grad circa 40 Minuten im Backofen trocknen.

Tipp

Dies ist eine ganz köstliche Leckerei für Vier- und Zweibeiner! Im Sommer können die Äpfel auf dem Backblech in der Sonne an der frischen Luft getrocknet werden. Zum Schutz vor Wespen mit einem Netz abdecken. Getrocknet sind die Apfelscheiben bei Aufbewahrung in einer Frischhaltedose eine Woche haltbar.

Zutaten:
2 EL Zucker
5 Äpfel

„Nur die Ruhe"-Kekse

Zubereitung:

1. Die Weizenkleie mit dem Vollkornmehl in einer großen Schüssel mischen.
2. Die Orangenblüten unterrühren.
3. In die Mitte der Mischung eine Mulde drücken und den Honig hineinfließen lassen.
4. Mit einem Löffel langsam alles miteinander vermischen.
5. Ein Backblech mit Backpapier auslegen.
6. Mithilfe des Löffels kleine Haufen auf das Backblech setzen und platt drücken.
7. Die Kekse bei 200 Grad etwa 20 Minuten backen.

Vor dem Verfüttern einen Tag an einem trockenen, kühlen Ort flach ausgebreitet trocknen lassen.

Zutaten:
100 g Weizenkleie
200 g Vollkornmehl
50 g Orangenblüten
(Reformhaus oder Apotheke)
250 g Honig

Tipp

Orangenblüten verbreiten einen herrlichen Duft und gelten als beruhigend.

Freundschaftskringel

Zubereitung:

1. Die Äpfel entkernen, schälen und reiben.
2. Die Möhren schälen und reiben.
3. Äpfel und Möhren mit den Haferflocken und der Weizenkleie in eine Schüssel geben und verkneten, bis ein gut formbarer Teig entstanden ist.
4. Den Zucker und den Vanillezucker dazugeben und nochmals gut durchkneten.
5. Aus dem Teig circa 5 Zentimeter lange, fingerdicke Röllchen formen und zu Kringeln biegen.
6. Ein Backblech mit Backpapier auslegen.
7. Die Kringel auf das Backblech legen.
8. Bei 125 Grad 60 Minuten backen.
9. Dann die Kringel wenden und nochmals 10 Minuten weiterbacken.

Die Leckerli luftig lagern und erst nach zwei Tagen verfüttern.

Zutaten:
4 Äpfel
2 Möhren
300 g Vollkornhaferflocken
50 g Weizenkleie
1 EL weißer Zucker
3 Pck. Vanillezucker

Milchkekse

Zubereitung:

1. Die Äpfel entkernen, schälen und reiben.
2. Die Möhren schälen und reiben.
3. Die Vollkornhaferflocken mit der Milch in einer großen Schüssel vermengen.
4. Äpfel, Möhren und Zuckerrübensirup unter die Masse kneten. Sollte der Teig zu flüssig werden, mit Dinkelmehl andicken.
5. Ein Backblech mit Backpapier auslegen.
6. Den Teig in kleinen Häufchen auf das Backblech setzen und etwas platt drücken.
7. Die Kekse bei 180 Grad etwa 45 Minuten backen.
8. Auf einem Kuchenrost erkalten und aushärten lassen.

Zutaten:
3 Äpfel
2 große Möhren
500 g Vollkornhaferflocken
200 ml fettarme Milch
350 g Zuckerrübensirup
eventuell etwas Dinkelmehl zum Andicken

Kräuterkracher

Zubereitung:

1. Das Vollkornmehl, die Vollkornhaferflocken und den Zuckerrübensirup zusammen mit dem Tee in einer Schüssel vermischen. Falls der Teig zu fest ist, etwas Wasser zufügen. Bei zu losem Teig noch ein paar Haferflocken beimischen, bis ein gut formbarer Teig entsteht.
2. Den Teig zu einer 5 Zentimeter dicken Rolle formen.
3. Die Rolle in etwa 2 Zentimeter dicke Scheiben schneiden.
4. Ein Backblech mit Backpapier auslegen.
5. Die Scheiben auf das Backblech legen.
6. Bei 130 Grad 30 Minuten backen.

Vor dem Verfüttern einige Tage gut trocknen lassen und nur im völlig trockenen Zustand zum Fressen anbieten.

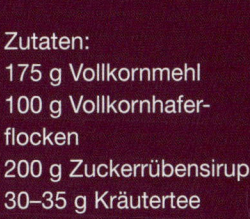

Zutaten:
175 g Vollkornmehl
100 g Vollkornhafer-
flocken
200 g Zuckerrübensirup
30–35 g Kräutertee

Pferdesandwich

Zubereitung:

1. Den Apfel in dicke Scheiben schneiden.
2. Die Mohrrübe in dicke Scheiben schneiden.
3. Die Apfel- und Möhrenscheiben zwischen die beiden Scheiben Vollkornknäckebrot legen.
4. Das Sandwich mit ein paar Stroh- oder Heuhalmen zubinden und dem Pferd anbieten.

Zutaten:
1 Apfel
1 Mohrrübe
2 Scheiben Vollkorn-
knäckebrot
ein paar Stroh- oder
Heuhalme

Tipp

Das Sandwich am besten gleich nach der Zubereitung verfüttern, damit das Vollkorn-knäckebrot nicht durch den Apfelsaft aufweicht.

Ponymüsli

Zubereitung:

1. Die Äpfel und die Birne entkernen, schälen und reiben.
2. Die Möhren schälen und reiben.
3. Die Banane schälen und mit einer Gabel zerdrücken.
4. Das Obst und Gemüse mit den Leinsamen, der Haferkleie und den Vollkornhaferflocken vermischen.
5. Die Früchteteemischung unterrühren.
6. Die Masse mit dem gekochten Früchtetee übergießen und alles noch einmal verrühren.
7. Sofort verfüttern.

Zutaten:
2 Äpfel
1 Birne
2 Möhren
1 Banane
50 g Leinsamen
50 g Haferkleie
50 g Vollkornhaferflocken
15 g Früchteteemischung
300 ml gekochter, abgekühlter Früchtetee

 *Tipp*

Bei kalter Witterung kann das Ponymüsli auch mit warmem Tee zubereitet werden.

Bananen-Himbeer-Pudding

Zubereitung:

1. Die Äpfel raspeln.
2. Die Bananen schälen und mit einer Gabel zerdrücken.
3. Die Himbeeren zu Mus verarbeiten.
4. Das Obst mit den Vollkornhaferflocken und dem Traubenzucker gut vermischen.
5. Nach und nach den Früchtetee zufügen, bis eine breiige Masse entsteht.
6. Sofort verfüttern!

Zutaten:
1 kg Äpfel
200 g Bananen
100 g Himbeeren (frisch oder TK)
250 g Vollkornhaferflocken
100 g Traubenzucker
1 l lauwarmer oder kalter Früchtetee

Gefüllter Apfel

Zubereitung:
1. Den oberen Teil des Apfels abschneiden, den Deckel beiseitelegen.
2. Den Apfel aushöhlen, sodass nur eine dicke Wand stehen bleibt.
3. Die Banane schälen.
4. Das Apfelfruchtfleisch und die Banane mit einer Gabel zerdrücken.
5. Das Vollkornknäckebrot mit den Fingern grob zerbröseln und mit den restlichen Zutaten vermischen.
6. Den Brei in den ausgehöhlten Apfel geben.
7. Den Apfel mit dem Deckel verschließen und sofort verfüttern.

Zutaten:
1 großer Apfel
1 kleine Banane
1 Scheibe Vollkornknäckebrot
1 TL gequetschter Leinsamen

Tipp

Als Füllung für den Apfel eignen sich verschiedene Zutaten ganz nach Belieben, zum Beispiel auch eine geriebene Möhre, gequetschter Hafer und vieles mehr.

Oxerstangen

Zubereitung:
1. Alle Zutaten mit so viel Multivitaminsaft vermischen, dass eine zähe Masse entsteht.
2. Den gut formbaren Teig zu fingerdicken, circa 5 Zentimeter langen Rollen verarbeiten.
3. Ein Backblech mit Backpapier auslegen.
4. Die Rollen auf das Backblech legen und bei 180 Grad etwa 25 Minuten backen.

Einige Tage trocknen lassen und nur völlig getrocknet verfüttern.

Zutaten:
250 g Haferkleie
250 g Weizenkleie
250 g Vollkornmehl
2 TL Backpulver
5 EL Honig
2 EL Traubenzucker
Multivitaminsaft

Zimtsterne

Zubereitung:
1. Die Äpfel und Möhren in eine große Schüssel reiben.
2. Weizenkleie, Vollkornhaferflocken und Leinsamen hinzufügen und untermischen, bis ein gut formbarer Teig entstanden ist.
3. Rohrzucker und Zimt zum Teig geben und den Teig nochmals gut durchkneten.
4. Den Teig auf einer bemehlten Fläche circa ½ Zentimeter dick plattdrücken und mit Sternförmchen ausstechen.
5. Ein Backblech mit Backpapier auslegen.
6. Die Sterne auf das Backblech geben.
7. Bei 125 Grad zuerst 60 Minuten backen.
8. Dann die Sterne wenden und nochmals 15 Minuten backen.

Die Sterne luftig trocknen und erst nach zwei Tagen verfüttern.

Zutaten:
5 mittelgroße Äpfel	20 g Leinsamen
2 große Möhren	1 EL brauner Rohrzucker
50 g Weizenkleie	2 TL Zimt
300 g Vollkornhaferflocken	

Nikolausstiefel

Zubereitung:
1. Alle Zutaten in einer großen Schüssel gut verrühren.
2. Den gut formbaren Teig zu Plätzchen in Stiefelform oder anderen weihnachtlichen Figuren ausstechen.
3. Ein Backblech mit Backpapier auslegen.
4. Die Kekse auf das Backblech setzen.
5. Bei 180 Grad 15 bis 20 Minuten backen.
6. Auf einem Rost erkalten und aushärten lassen.

Zutaten:
100 g Dinkelmehl
100 g Vollkornmehl
150 g Vollkornhafer-flocken
225 g Ahornsirup
150 g gemahlene Haselnüsse

Adventsstangen

Zubereitung:
1. Alle Zutaten in eine große Schüssel geben und vermengen. Ist der Teig zu fest, etwas Wasser zugeben; ist er zu weich, noch Haferflocken zugeben.
2. Aus dem Teig eine 15 bis 20 Zentimeter lange Rolle formen.
3. Ein Backblech mit Backpapier auslegen.
4. Die Rolle auf das Backblech legen und platt drücken.
5. Mit einer Gabel im Abstand von etwa 1 Zentimeter die späteren Bruchstellen leicht eindrücken und mit den Gabelzinken dort noch einmal leicht einstechen.
6. Die Rolle bei 180 Grad so lange backen, bis sie beim Abkühlen hart wird. Dafür bereits nach 10 Minuten probeweise eine Stange abbrechen, herausnehmen und 5 Minuten aushärten lassen.

Die Stangen erst am nächsten Tag verfüttern. Sie sind bei Aufbewahrung im Kühlschrank circa eine Woche haltbar.

Weihnachtskekse

Zubereitung:
1. Das Mehl, die Haferkleie und den Traubenzucker gut verrühren.
2. Apfelmus, Weihnachtsgewürzmischung und Öl dazugeben und alles zu einem mittelfesten Teig verarbeiten.
3. Den Teig auf einer mit Mehl bestäubten Fläche etwa 1 Zentimeter dick ausrollen.
4. Mit verschiedenen weihnachtlichen Förmchen ausstechen.
5. Ein Backblech mit Backpapier auslegen.
6. Die Plätzchen auf das Backblech geben.
7. Bei 120 Grad 60 Minuten backen.

Die Weihnachtskekse erst im erkalteten und völlig getrockneten Zustand verfüttern. Eventuell die Kekse auf der Heizung durchtrocknen lassen.

Zutaten:
200 g Vollkornmehl
100 g Haferkleie
100 g Traubenzucker

6 EL Apfelmus
3 TL Weihnachtsgewürzmischung
120 ml Distelöl

Knusperschnecken

Zubereitung:

1. Alle Zutaten in eine Schüssel geben und gut durchkneten, bis ein formbarer Teig entstanden ist.
   Sollte der Teig zu fest sein, etwas Apfelsaft dazugeben.
   Ist der Teig zu locker, Haferflocken oder noch mehr
   Vollkornmehl zufügen.
2. Den Teig auf einer leicht bemehlten Fläche etwa
   1 Zentimeter dick ausrollen.
3. Von der langen Seite aus zu einer Schnecke aufrollen.
4. Mit einem Messer etwa 1 Zentimeter dicke Scheiben
   abschneiden.
5. Ein Backblech mit Backpapier auslegen.
6. Die Schnecken auf das Backblech setzen.
7. Bei 180 Grad 10 bis 15 Minuten backen, bis die
   Knusperschnecken schön goldbraun und hart sind.

**Die Leckerli vor dem Verfüttern noch zwei Tage gut
durchtrocknen lassen und anschließend luftig lagern.**

Zutaten:
225 g Zuckerrübensirup
100 g Vollkornmehl
125 g gequetschter
Leinsamen
20 g Sonnenblumen-
kerne

Valentinstagsherzen

Zubereitung:
1. Die Äpfel entkernen, schälen und reiben.
2. Alle Zutaten gut vermischen, sodass ein relativ fester Teig entsteht.
3. Kleine Stücke von der Teigmasse abtrennen und platt drücken.
4. Mit Herzförmchen ausstechen.
5. Ein Backblech mit Backpapier auslegen.
6. Die Herzen mit etwas Abstand auf das Backblech legen.
7. Bei 180 Grad etwa 20 Minuten backen.

Vor dem Verfüttern die Herzen zwei Tage an einem trockenen Ort aushärten lassen.

Zutaten:
2 Äpfel
1 Handvoll Himbeeren
(frisch oder TK)
200 g Dinkel- oder
Maisflocken
100 g Dinkelmehl
50 g brauner Rohrzucker
2 TL Backpulver
50 ml Distelöl

Ostermöhren

Zubereitung:
1. Die Äpfel entkernen, schälen und reiben.
2. Die Möhren schälen und reiben.
3. Alle Zutaten in eine Schüssel geben und gut verrühren.
4. Den Teig zu fingerdicken, 5 Zentimeter langen Röllchen formen.
5. Ein Backblech mit Backpapier auslegen.
6. Die Röllchen auf das Backblech legen und bei 100 Grad etwa 30 Minuten backen.

Zutaten:
3 Äpfel   50 g Vollkornhaferflocken
5 Möhren   100 g Vollkornmehl
20 g Leinsamen   100 g Traubenzucker

Geburtstagskuchen

Zubereitung:

1. Das Wasser zum Kochen bringen.
2. Die Futterpellets mit dem kochenden Wasser übergießen und stehen lassen, bis ein recht flüssiger Brei entsteht.
3. In der Zwischenzeit die Äpfel entkernen, schälen und reiben.
4. Die Möhren schälen und reiben.
5. Die Banane schälen und mit einer Gabel zerdrücken.
6. Die Haferflocken mit der Milch mischen.
7. Äpfel, Möhren und Banane sowie Ahornsirup oder Honig unterrühren. Die Masse sollte eher fest sein. Falls nötig, können noch Haferflocken dazugegeben werden.
8. Eine Springform einfetten.
9. Die Futtermischung in die Springform geben und auch am Rand hochdrücken.
10. Die Haferflockenmischung in die Mitte geben und glatt streichen.
11. Den Kuchen bei 150 Grad circa 10 Minuten backen.
12. Kurz aus dem Ofen nehmen, mit einem Messer 16 Kuchenstücke vorschneiden.
13. Den Kuchen weitere 50 Minuten backen. Wenn die Oberfläche schön gebräunt ist, die Temperatur verringern, damit der Kuchen nicht verbrennt.

Der Kuchen muss vor dem Verfüttern noch zwei Tage bei Zimmertemperatur aushärten. Happy birthday!

Zutaten:
500 ml Wasser
500 g Futterpellets
2 Äpfel
4 Möhren
1 Banane
500 g Vollkornhaferflocken
etwas Milch
3 EL Ahornsirup oder Honig
kochendes Wasser

Tipp

Den Kuchen mit frischem Obst, mit Möhren und Blüten servieren.

Anhang

Tipps zum Weiterlesen

Birgit van Damsen: Der Weideratgeber.
Schwarzenbek: Cadmos, 2003.

Heike Groß: Was mein Pferd nicht fressen darf.
Schwarzenbek: Cadmos, 2005.

Dr. Kathrin Irgang/Klaus Lübker:
Pferdefütterung nach Maß.
Schwarzenbek: Cadmos, 2008.

Claudia Naujoks: Naturheilkräuter für Pferde.
Schwarzenbek: Cadmos, 2005.

Alphabetisches Verzeichnis der Rezepte